普通高等学校本科数学规划教材

线性代数同步训练

主　编　冯　丽　石业娇　刘　智

东北大学出版社
·沈　阳·

图书在版编目（CIP）数据

线性代数同步训练 / 冯丽，石业娇，刘智主编.
沈阳：东北大学出版社，2024. 8. -- ISBN 978-7-5517-3645-9

Ⅰ. O151.2-44

中国国家版本馆CIP数据核字第2024E9B741号

出 版 者：东北大学出版社
地址：沈阳市和平区文化路三号巷11号
邮编：110819
电话：024-83683655（总编室）
024-83687331（营销部）
网址：http://press.neu.edu.cn
印 刷 者：辽宁一诺广告印务有限公司
发 行 者：东北大学出版社
幅面尺寸：185mm × 260mm
印　　张：6.25
字　　数：164千字
出版时间：2024年8月第1版
印刷时间：2024年8月第1次印刷
责任编辑：刘宗玉　潘佳宁
责任校对：郎　坤
封面设计：潘正一
责任出版：初　茗

ISBN 978-7-5517- 3645-9　　定　价：18.00元

前 言

随着教育部对高等院校学生的普遍扩招，高等教育教学进入以结构调整、质量提升为核心的内涵式发展阶段，对基础课特别是数学课提出了更新更严格的要求.特别是近几年，国家提出了发展应用本科教育的新理念.正是在这样一种形势下，编者在总结多年本科数学教学经验、探索本科数学教学发展动向、分析国内外同类教材发展趋势的基础上，编写出这套适于本科理工、经管各专业使用的数学教材.

这套“普通高等学校本科数学规划教材”是根据《国家中长期教育改革和发展规划纲要（2010—2020年）》的要求，专门针对本科学生而编写的.教材内容充分考虑了学生的数学基础和实际水平，并结合数学课程教学内容体系改革，兼顾了不同专业后续课程教学对数学知识的要求，是对后续教学和学生可持续发展（继续教育）的一个恰到好处的基础支撑.

本书为《线性代数同步训练》，是这套教材中的一个分册.本书章节安排与《线性代数》完全一致，具体有矩阵、行列式、向量组的线性相关性、线性方程组、相似矩阵及二次型，主要内容是与《线性代数》相配套的同步训练习题.

本书按教学大纲的要求配备习题，重点突出基础模块部分，目的是让学生迅速而全面地掌握基本概念和基本理论.每节课配有基础训练习题，章后配备两套综合训练题，可用于单元练习及测试，书后配有2套期末全程测试，供学生期末综合复习时使用.同时，这本书的形式为学生的作业本，比较规范，既便于学生书写、保留，又便于教师批改.书后未附相应的习题解答，目的在于培养学生独立思考的意识，提高学生解决问题的能力.

本书由冯丽、石业娇、刘智主编.

本书适合本科理工、经管各专业学生使用.

由于编者水平所限，书中难免有不妥之处，恳请专家、同人不吝赐教.

所有意见、建议请发往：363721365@qq.com.

谢谢大家！

编 者

2024年3月

目 录

第一章 矩 阵

第一部分 基础模块

习题1－1

一、填空题

1. 写出三阶单位矩阵：____________；

2. 四阶对角矩阵的具体形式为____________________.

二、简答题

1. 设

$$\boldsymbol{A}=\begin{bmatrix}1 & 0 & 3\\ 4 & -1 & 2\end{bmatrix},\ \boldsymbol{B}=\begin{bmatrix}1 & x+y & 3\\ x-y & -1 & -z\end{bmatrix},$$

已知$\boldsymbol{A}=\boldsymbol{B}$，求$x$，$y$，$z$；

2. 已知线性方程组

$$\begin{cases} x_1+2x_2-3x_3-2x_4=1,\\ 2x_1-3x_2+2x_3+5x_4=2,\\ 3x_1+2x_2+2x_3-4x_4=-3,\\ 2x_1-2x_2+2x_3+2x_4=5.\end{cases}$$

试写出该方程组的系数矩阵$\boldsymbol{A}$（方程组的系数按原来的次序排成的矩阵）和增广矩阵$\boldsymbol{B}$（方程组的系数、常数项按原来的次序排成的矩阵）.

习题1－2

一、填空题

1. 若$\boldsymbol{A}=[a_{ij}]_{7\times8}$，$\boldsymbol{B}=[b_{ij}]_{8\times10}$，则$\boldsymbol{AB}=[c_{ij}]$____×____；$c_{45}=$________；

2. 两个矩阵既可以相加又可以相乘的充要条件是________________；

3. $[1,\ 2]\begin{bmatrix}1\\2\end{bmatrix}=$________________，$\begin{bmatrix}1\\2\end{bmatrix}[1,\ 2]=$________；

4. $\sum_{i=1}^{n}a_ix_i$ 的矩阵表示为________________，$\sum_{i=1}^{n}x_i$ 的矩阵表示为________________；

5. 已知矩阵$\boldsymbol{A}=\begin{bmatrix}-2&2&1\\3&-5&-1\end{bmatrix}$，则$\boldsymbol{A}^{\mathrm{T}}=$________；

6. 设$\boldsymbol{A}$是$m\times n$型矩阵，当$\boldsymbol{AE}=\boldsymbol{A}$时，$\boldsymbol{E}$是________阶单位矩阵；

7. 若矩阵$\boldsymbol{A}_{m\times l}$与$\boldsymbol{B}_{p\times n}$可作乘法运算，则$l$________$p$；

8. $\boldsymbol{A}=\begin{bmatrix}1&0\\4&1\end{bmatrix}$，则$\boldsymbol{A}^5=$________.

二、判断题（对的画√，错的画×）

设有n阶矩阵$\boldsymbol{A}$，$\boldsymbol{B}$，则

1. $\boldsymbol{AB}=\boldsymbol{BA}$； （　）
2. $(\boldsymbol{A}+\boldsymbol{B})^2=\boldsymbol{A}^2+2\boldsymbol{AB}+\boldsymbol{B}^2$； （　）
3. $(\boldsymbol{A}+\boldsymbol{B})(\boldsymbol{A}-\boldsymbol{B})=\boldsymbol{A}^2-\boldsymbol{B}^2$； （　）
4. $(\boldsymbol{AB})^{\mathrm{T}}=\boldsymbol{B}^{\mathrm{T}}\boldsymbol{A}^{\mathrm{T}}$； （　）
5. 若$\boldsymbol{A}$是对称矩阵，$\boldsymbol{B}$是反对称矩阵，即$\boldsymbol{A}^{\mathrm{T}}=\boldsymbol{A}$，$\boldsymbol{B}^{\mathrm{T}}=-\boldsymbol{B}$，则$\boldsymbol{B}^2$是对称矩阵，$\boldsymbol{AB}+\boldsymbol{BA}$是反对称矩阵； （　）
6. 若$\boldsymbol{BA}=\boldsymbol{O}$，则未必有$\boldsymbol{B}=\boldsymbol{O}$或$\boldsymbol{A}=\boldsymbol{O}$； （　）
7. 一般来说$(\boldsymbol{AB})^k\neq\boldsymbol{A}^k\boldsymbol{B}^k$. （　）

三、计算题

1. 已知

$$\boldsymbol{A}=\begin{bmatrix}1&1&1\\1&1&-1\\1&-1&1\end{bmatrix},\ \boldsymbol{B}=\begin{bmatrix}1&2&3\\-1&-2&4\\0&5&1\end{bmatrix},$$

求$3\boldsymbol{AB}-2\boldsymbol{A}$及$\boldsymbol{A}^{\mathrm{T}}\boldsymbol{B}$；

2. 设$\boldsymbol{A}=\begin{bmatrix}1 & 2\\-1 & 0\end{bmatrix}$，又$f(x)=x^2-3x+2$，求$f(\boldsymbol{A})$；

3. 已知$\boldsymbol{\alpha}=[1,\ 2,\ 3]$，$\boldsymbol{\beta}=[1,\ -1,\ 2]$，$\boldsymbol{A}=\boldsymbol{\alpha}^{\mathrm{T}}\boldsymbol{\beta}$，$\boldsymbol{B}=\boldsymbol{\beta}\boldsymbol{\alpha}^{\mathrm{T}}$，求$\boldsymbol{A}$，$\boldsymbol{B}$，$\boldsymbol{A}^2$；

4. 已知两个线性变换

$$\begin{cases}x_1=2y_1+y_3,\\x_2=-2y_1+3y_2+2y_3,\\x_3=4y_1+y_2+5y_3,\end{cases}\quad\begin{cases}y_1=-3z_1+z_2,\\y_2=2z_1+z_3,\\y_3=-z_2+3z_3,\end{cases}$$

求从z_1，z_2，z_3到x_1，x_2，x_3的线性变换；

5. 计算下列矩阵的乘积：

（1）$\begin{bmatrix}3&2&1\\-2&1&3\\5&0&6\end{bmatrix}\cdot\begin{bmatrix}5\\-2\\1\end{bmatrix}$；

（2）$[2\quad 3\quad -4]\cdot\begin{bmatrix}3\\-1\\2\end{bmatrix}$；

（3）$\begin{bmatrix}-1&2&3&0\\1&3&-1&4\end{bmatrix}\cdot\begin{bmatrix}3&1&1\\-1&0&2\\1&3&1\\0&4&-2\end{bmatrix}$；

（4）$\begin{bmatrix}3\\-2\\4\end{bmatrix}\cdot[-2\quad 3]$.

习题1－3

一、填空题

1. $\boldsymbol{A}=\begin{bmatrix} a & 0 & 0 \\ 0 & b & 0 \\ 0 & 0 & c \end{bmatrix}$，$a$，$b$，$c$均不为零，则$\boldsymbol{A}^{-1}=$________；

2. 若$\boldsymbol{A}$可逆，数$\lambda\neq 0$，则$\lambda\boldsymbol{A}$可逆，且$(\lambda\boldsymbol{A})^{-1}=$________；

3. 若$\boldsymbol{A}$可逆，则$\boldsymbol{A}^{\mathrm{T}}$亦可逆，且$(\boldsymbol{A}^{\mathrm{T}})^{-1}=$________；

4. 若n阶方阵$\boldsymbol{A}$可逆，且$\boldsymbol{A}\cdot\boldsymbol{X}=\boldsymbol{B}$，则$\boldsymbol{X}=$________；

5. $\begin{bmatrix} & & 3 \\ & 2 & \\ 1 & & \end{bmatrix}^{-1}=$________.

二、证明与计算题

1. 若$\boldsymbol{A}$，$\boldsymbol{B}$是同阶矩阵，且$\boldsymbol{A}$可逆，证明：若$\boldsymbol{AB}=\boldsymbol{O}$，则$\boldsymbol{B}=\boldsymbol{O}$；

2. 化简$(\boldsymbol{E}+\boldsymbol{BA})[\boldsymbol{E}-\boldsymbol{B}(\boldsymbol{E}+\boldsymbol{AB})^{-1}\boldsymbol{A}]$，其中$(\boldsymbol{E}+\boldsymbol{AB})$为可逆矩阵.

习题1－4

一、填空题

1. 设$\boldsymbol{A}$，$\boldsymbol{B}$为两个s阶分块对角矩阵，

$$\boldsymbol{A}=\begin{bmatrix}\boldsymbol{A}_1 & & & \\ & \boldsymbol{A}_2 & & \\ & & \ddots & \\ & & & \boldsymbol{A}_s\end{bmatrix},\ \boldsymbol{B}=\begin{bmatrix}\boldsymbol{B}_1 & & & \\ & \boldsymbol{B}_2 & & \\ & & \ddots & \\ & & & \boldsymbol{B}_s\end{bmatrix},$$

其中$\boldsymbol{A}_i$，$\boldsymbol{B}_i$（$i=1$，2，…，s）为同阶子块矩阵，则$\boldsymbol{AB}=$____________________；

2. 设$\boldsymbol{A}$为分块对角矩阵，

$$\boldsymbol{A}=\begin{bmatrix}\boldsymbol{A}_1 & & & \\ & \boldsymbol{A}_2 & & \\ & & \ddots & \\ & & & \boldsymbol{A}_s\end{bmatrix},$$

若$\boldsymbol{A}_i$（$i=1$，2，…，s）都可逆，则$\boldsymbol{A}^{-1}=$________.

二、计算题

1. 用分块法求$\boldsymbol{AB}$，其中

$$\boldsymbol{A}=\begin{bmatrix}1 & 0 & 1 & 0\\ 0 & 1 & 0 & 0\\ -1 & 2 & 1 & 0\\ 1 & 1 & 0 & 1\end{bmatrix},\ \boldsymbol{B}=\begin{bmatrix}1 & 0 & 1 & 0\\ -1 & 2 & 0 & 1\\ 1 & 0 & 4 & 1\\ -1 & -1 & 2 & 0\end{bmatrix};$$

2. 设

$$A=\begin{bmatrix}2&0&0\\0&3&1\\0&2&1\end{bmatrix},$$

求A^{-1}，其中

$$\begin{bmatrix}3&1\\2&1\end{bmatrix}^{-1}=\begin{bmatrix}1&-1\\-2&3\end{bmatrix};$$

3. 设

$$A=\begin{bmatrix}3&4&0&0\\4&-3&0&0\\0&0&2&0\\0&0&2&0\end{bmatrix},$$

求A^4.

习题1－5

一、填空题

1. 矩阵的初等行变换是指下列三种变换：（1）________，（2）________，（3）________；
2. 若$\boldsymbol{A}$是________矩阵，则$\boldsymbol{A}\leftrightarrow\boldsymbol{E}$；
3. 设$\boldsymbol{A}$为$m\times n$矩阵，则存在m阶可逆矩阵$\boldsymbol{P}$和n阶可逆矩阵$\boldsymbol{Q}$，使$\boldsymbol{PAQ}=$________，其中r随矩阵$\boldsymbol{A}$而定；
4. 设$\boldsymbol{A}$是可逆方阵，则存在有限个初等方阵$\boldsymbol{P}_1$，$\boldsymbol{P}_2$，…，$\boldsymbol{P}_i$，使得$\boldsymbol{A}=$________；
5. 矩阵$\boldsymbol{A}$求逆的一种简便有效的方法——初等行变换求逆法：________________.

二、计算题

1. 用初等行变换把矩阵

$$\boldsymbol{A}=\begin{bmatrix}2&1&8&3&7\\2&-3&0&7&-5\\3&-2&5&8&0\\1&0&3&2&0\end{bmatrix}$$

化为行阶梯形矩阵；

2. 用初等行变换把矩阵

$$\boldsymbol{A}=\begin{bmatrix}2&3&1&-3&-7\\1&2&0&-2&-4\\3&-2&8&3&0\\2&-3&7&4&3\end{bmatrix}$$

化为行最简形矩阵；

3. 用初等行变换法求矩阵

$$A=\begin{bmatrix} 1 & 2 & -1 \\ 3 & 1 & 0 \\ -1 & 0 & -2 \end{bmatrix}$$

的逆矩阵；

4. 已知矩阵

$$A=\begin{bmatrix} 3 & 0 & 1 \\ 1 & 1 & 0 \\ 0 & 1 & 4 \end{bmatrix},$$

且满足$\boldsymbol{AX}=\boldsymbol{A}+2\boldsymbol{X}$，试求矩阵$\boldsymbol{X}$.

第二部分　综合训练

综合训练（一）

一、填空题

1. 已知矩阵 $\boldsymbol{A}=\begin{bmatrix}1&1\\0&-1\end{bmatrix}$，$\boldsymbol{B}=\begin{bmatrix}1&0\\2&-1\end{bmatrix}$，则 $\boldsymbol{AB}-\boldsymbol{BA}=$ ________；

2. 设 $\boldsymbol{A}$，$\boldsymbol{B}$ 均为 n 阶方阵，则（$\boldsymbol{A}+\boldsymbol{B}$）（$\boldsymbol{A}-\boldsymbol{B}$）$=$ ________；

3. 设矩阵 $\boldsymbol{A}=[1,\ -2,\ 3]$，$\boldsymbol{B}=\begin{bmatrix}2&1\\1&0\\0&-2\end{bmatrix}$，则 $(\boldsymbol{AB})^{\mathrm{T}}=$ ________；

4. $\begin{bmatrix}3&2\\4&-1\end{bmatrix}^{-1}=$ ________；

5. 若 n 阶方阵 $\boldsymbol{A}$，$\boldsymbol{B}$ 均可逆，$\boldsymbol{ABX}=\boldsymbol{C}$，则 $\boldsymbol{X}=$ ________；

6. 设 $\boldsymbol{A}=\begin{bmatrix}1&0\\3&1\end{bmatrix}$，则 $\boldsymbol{A}^4=$ ________；

7. $(\boldsymbol{A}^{-1})^{\mathrm{T}}\boldsymbol{A}^{\mathrm{T}}=$ ________；

8. $\boldsymbol{A}(\boldsymbol{B}-2\boldsymbol{C})=\boldsymbol{O}$，$\boldsymbol{A}(\boldsymbol{B}+\boldsymbol{C})=\boldsymbol{O}$，$\boldsymbol{A}$ 可逆，则 $\boldsymbol{B}=$ ________，$\boldsymbol{C}=$ ________.

二、选择题

1. $\boldsymbol{A}$，$\boldsymbol{B}$ 均可逆，则 $\begin{bmatrix}\boldsymbol{O}&\boldsymbol{A}\\\boldsymbol{B}&\boldsymbol{O}\end{bmatrix}$ 的逆为（　　）；

A. $\begin{bmatrix}\boldsymbol{A}^{-1}&\boldsymbol{O}\\\boldsymbol{O}&\boldsymbol{B}^{-1}\end{bmatrix}$　　B. $\begin{bmatrix}\boldsymbol{B}^{-1}&\boldsymbol{O}\\\boldsymbol{O}&\boldsymbol{A}^{-1}\end{bmatrix}$

C. $\begin{bmatrix}\boldsymbol{O}&\boldsymbol{A}^{-1}\\\boldsymbol{B}^{-1}&\boldsymbol{O}\end{bmatrix}$　　D. $\begin{bmatrix}\boldsymbol{O}&\boldsymbol{B}^{-1}\\\boldsymbol{A}^{-1}&\boldsymbol{O}\end{bmatrix}$

2. 设 $\boldsymbol{A}$ 是 $m\times n$ 矩阵，$\boldsymbol{B}$ 是 $s\times n$ 矩阵，则运算有意义的是（　　）；

A. $\boldsymbol{A}^{\mathrm{T}}\boldsymbol{B}$　　B. $\boldsymbol{AB}$

C. $\boldsymbol{AB}^{\mathrm{T}}$　　D. $\boldsymbol{A}^{\mathrm{T}}\boldsymbol{B}^{\mathrm{T}}$

3. 线性方程组 $\begin{cases}2x_1+x_2=2,\\x_2-x_3=0\end{cases}$ 的系数矩阵是（　　）；

A. 2×3 矩阵　　B. 3×2 矩阵

C. 3阶矩阵　　D. 2阶矩阵

4. 若n阶方阵$\boldsymbol{A}$，$\boldsymbol{B}$均可逆，$\boldsymbol{AXB}=\boldsymbol{C}$，则$\boldsymbol{X}=$（　　）;

A. $\boldsymbol{CA}^{-1}\boldsymbol{B}^{-1}$　　B. $\boldsymbol{A}^{-1}\boldsymbol{CB}^{-1}$

C. $\boldsymbol{A}^{-1}\boldsymbol{B}^{-1}\boldsymbol{C}$　　D. $\boldsymbol{B}^{-1}\boldsymbol{CA}^{-1}$

5. 以下结论正确的是（　　）.

A. 若$\boldsymbol{A}$为对称矩阵，则$\boldsymbol{A}^2$也为对称矩阵

B. 对于任意的同阶方阵$\boldsymbol{A}$，$\boldsymbol{B}$均有$(\boldsymbol{A}+\boldsymbol{B})(\boldsymbol{A}-\boldsymbol{B})=\boldsymbol{A}^2-\boldsymbol{B}^2$

C. 若$\boldsymbol{A}$，$\boldsymbol{B}$为反对称矩阵，则$\boldsymbol{A}+\boldsymbol{B}$为对称矩阵

D. 若$\boldsymbol{A}$，$\boldsymbol{B}$为对称矩阵，则$\boldsymbol{AB}$也为对称矩阵

三、计算题

1. 设

$$\boldsymbol{A}=\begin{bmatrix}1&1&1\\-1&1&1\\1&-1&1\end{bmatrix},\ \boldsymbol{B}=\begin{bmatrix}1&2&1\\1&3&-1\\2&1&2\end{bmatrix},$$

求$\boldsymbol{AB}-3\boldsymbol{B}$;

2. 用初等行变换法求矩阵

$$\boldsymbol{A}=\begin{bmatrix}2&2&1\\3&4&3\\1&2&3\end{bmatrix}$$

的逆矩阵;

3. 用初等行变换把矩阵

$$A=\begin{bmatrix}1 & -1 & 3 & -4 & 3\\ 3 & -3 & 5 & -4 & 1\\ 2 & -2 & 3 & -2 & 0\\ 3 & -3 & 4 & -2 & -1\end{bmatrix}$$

化为行最简形矩阵.

四、计算证明题

1. 设$\boldsymbol{A}$为n阶方阵，且有自然数m，使得 $(\boldsymbol{A}+\boldsymbol{E})^m=\boldsymbol{O}$，证明$\boldsymbol{A}$可逆；

2. 若方阵$\boldsymbol{A}$满足$\boldsymbol{A}^2-\boldsymbol{A}-2\boldsymbol{E}=\boldsymbol{O}$，证明$\boldsymbol{A}+2\boldsymbol{E}$可逆，并求其逆；

3. 已知$\boldsymbol{A}=\begin{bmatrix}-1 & 4\\-2 & 7\end{bmatrix}$，$\boldsymbol{B}=\begin{bmatrix}2 & -1 & 3\\1 & 0 & -2\end{bmatrix}$，且$\boldsymbol{AX}=\boldsymbol{B}$，求$\boldsymbol{X}$；

4. 已知$\begin{bmatrix}1 & 1 & -1\\2 & 5 & -4\\2 & 4 & -5\end{bmatrix}\cdot\boldsymbol{X}=\begin{bmatrix}0 & 3\\4 & 8\\1 & 9\end{bmatrix}$，求$\boldsymbol{X}$.

综合训练（二）

一、填空题

1. 设$\boldsymbol{A}=\begin{bmatrix}1&0\\\lambda&1\end{bmatrix}$，则矩阵$\boldsymbol{A}$的$k$次幂$\boldsymbol{A}^k=$________；

2. 设$\boldsymbol{A}=\begin{bmatrix}a&0&0\\0&0&b\\0&c&0\end{bmatrix}$，其中$abc\neq0$，则$\boldsymbol{A}^{-1}=$________；

3. 设矩阵$\boldsymbol{A}$满足$\boldsymbol{A}^2+\boldsymbol{A}-4\boldsymbol{E}=\boldsymbol{O}$，其中$\boldsymbol{E}$为单位矩阵，则$(\boldsymbol{A}-\boldsymbol{E})^{-1}=$________；

4. 设矩阵$\boldsymbol{A}=\begin{bmatrix}1&2\\-1&3\end{bmatrix}$，$\boldsymbol{B}=\boldsymbol{A}^2-3\boldsymbol{A}+2\boldsymbol{E}$，则$\boldsymbol{B}^{-1}=$________；

5. 设$\boldsymbol{A}$，$\boldsymbol{B}$均为三阶矩阵，$\boldsymbol{E}$是三阶单位矩阵，已知$\boldsymbol{AB}=3\boldsymbol{A}-\boldsymbol{B}$，$\boldsymbol{B}=\begin{bmatrix}1&0&1\\0&2&0\\1&0&1\end{bmatrix}$，则$(\boldsymbol{A}-\boldsymbol{E})^{-1}=$________；

6. 若n阶方阵$\boldsymbol{A}$，$\boldsymbol{B}$均可逆，$\boldsymbol{XBA}=\boldsymbol{C}$，则$\boldsymbol{X}=$________；

7. 设矩阵$\boldsymbol{A}=\begin{bmatrix}1&-2&0\\4&3&5\end{bmatrix}$，$\boldsymbol{B}=\begin{bmatrix}8&2&6\\5&3&4\end{bmatrix}$，且满足方程$2\boldsymbol{A}+\boldsymbol{X}=\boldsymbol{B}-2\boldsymbol{X}$，则$\boldsymbol{X}=$_____；

8. 设$\boldsymbol{A}$，$\boldsymbol{B}$为两个已知矩阵，且$\boldsymbol{E}-\boldsymbol{B}$可逆，则方程$\boldsymbol{A}+\boldsymbol{BX}=\boldsymbol{X}$的解$\boldsymbol{X}=$________.

二、选择题

1. 由$\begin{bmatrix}3&6&2\\5&4&1\\0&-6&2\\9&-3&0\end{bmatrix}\cdot\begin{bmatrix}8&1&9\\5&0&3\\2&6&4\end{bmatrix}$得到的矩阵中的第一行第二列元素为（　　）；

   A. 53　　B. 12

   C. -26　　D. 15

2. 若$\boldsymbol{A}$是对称矩阵，则条件（　　）成立；

   A. $\boldsymbol{A}^{-1}=\boldsymbol{A}$　　B. $\boldsymbol{A}^{\mathrm{T}}=\boldsymbol{A}^{-1}$

   C. $\boldsymbol{A}^{\mathrm{T}}=\boldsymbol{A}$　　D. $\boldsymbol{AA}^{-1}=\boldsymbol{E}$

3. 设$\boldsymbol{A}$，$\boldsymbol{B}$均为n阶可逆矩阵，则下列各式成立的是（　　）；

   A $[(\boldsymbol{AB})^{-1}]^{\mathrm{T}}=(\boldsymbol{A}^{\mathrm{T}}\boldsymbol{B}^{\mathrm{T}})^{-1}$　　B. $(\boldsymbol{A}-\boldsymbol{B})^{-1}=\boldsymbol{A}^{-1}-\boldsymbol{B}^{-1}$

   C. $(\boldsymbol{A}^2)^{-1}=(\boldsymbol{A}^{-1})^2$　　D. $(\boldsymbol{A}^{-1}+\boldsymbol{B}^{-1})^{-1}=\boldsymbol{A}+\boldsymbol{B}$

4. 设$\boldsymbol{A}$是三角形矩阵，若$\boldsymbol{A}$可逆，则主对角线上元素一定（　　）.

   A. 全小于0　　B. 全大于0

   C. 不全为0　　D. 全不为0

三、计算题

1. 用初等行变换法将矩阵

$$\begin{bmatrix} 2 & 3 & 1 & -3 & -7 \\ 1 & 2 & 0 & -2 & -4 \\ 3 & -2 & 8 & 3 & 0 \\ 2 & -3 & 7 & 4 & 3 \end{bmatrix}$$

化为行阶梯形矩阵；

2. 已知

$$\boldsymbol{A}=\begin{bmatrix} 1 & 0 & 2 \\ -1 & 2 & 4 \\ 3 & 1 & 1 \end{bmatrix},\ \boldsymbol{B}=\begin{bmatrix} 2 & 1 \\ -1 & 3 \\ 0 & 3 \end{bmatrix},$$

求（$2\boldsymbol{E}-\boldsymbol{A}^{\mathrm{T}}$）$\boldsymbol{B}$；

3. 用初等行变换把矩阵

$$\begin{bmatrix} 3 & 1 & 1 \\ 1 & -1 & 3 \\ 0 & 2 & -4 \\ 2 & -1 & 4 \end{bmatrix}$$

化为行最简形矩阵.

第二章　行列式

第一部分　基础模块

习题 2－1

一、填空题

1. 二元线性方程组$\begin{cases}x+y=1,\\x-y=0\end{cases}$的系数行列式为________，解为________；

2. 二阶行列式$\begin{vmatrix}x-1 & x^3\\1 & x^2+x+1\end{vmatrix}=$________；

3. 行列式$\begin{vmatrix}a & b & c\\d & e & f\\n & m & h\end{vmatrix}$中元素$d$的余子式＝________，其代数余子式＝________；

4. 三阶行列式$\begin{vmatrix}1 & 3 & c\\c & 2 & 0\\1 & c & -1\end{vmatrix}=$________；

5. $\begin{vmatrix}1 & 0 & \cdots & 0\\0 & 2 & \cdots & 0\\\vdots & \vdots & & \vdots\\0 & 0 & \cdots & 2006\end{vmatrix}=$________；

6. 已知齐次线性方程组

$$\begin{cases}2x+3y=0,\\3x+ky=0,\\4x-5y+z=0\end{cases}$$

有非零解，则$k=$________；

7. 行列式

$$\begin{vmatrix}0 & 4 & 2-x\\2 & 3-x & 1\\1-x & 2 & 3\end{vmatrix}=0,$$

则 $x=$ ________.

二、计算题

1. 求行列式 $\begin{vmatrix} 1+x & 1 & 1 & 1 \\ 1 & 1+x & 1 & 1 \\ 1 & 1 & 1+x & 1 \\ 1 & 1 & 1 & 1+x \end{vmatrix}$;

2. 用行列式求方程组 $\begin{cases} x_1+x_2+x_3=10, \\ 3x_1+2x_2+x_3=14, \\ 2x_1+3x_2-x_3=1 \end{cases}$ 的解;

3. 解方程 $\begin{vmatrix} 1 & 1 & 1 \\ 2 & 3 & x \\ 4 & 9 & x^2 \end{vmatrix} = 0$；

4. 计算行列式 $\begin{vmatrix} 2 & 1 & 4 & 3 \\ 4 & 2 & 3 & 11 \\ 3 & 0 & 9 & 2 \\ 1 & -1 & -1 & 4 \end{vmatrix}$ 的值；

5. 计算行列式 $\begin{vmatrix} 1 & -1 & 1 & 2 \\ 2 & 1 & 1 & 1 \\ -1 & 3 & 2 & 1 \\ 1 & 2 & 4 & -1 \end{vmatrix}$ 的值.

习题2－2

一、填空题

1. 若行列式D的两行元素对应成比例，则$D=$________；

2. 设A_{ij}是n阶行列式D中元素a_{ij}的代数余子式，则$\sum_{k=1}^{n}a_{ik}A_{jk}=$________；

3. $\begin{vmatrix} 1 & 1 & x \\ c & c & c \\ 2 & x & 2 \end{vmatrix}=0$，则$x=$________；

4. $f(x)=\begin{vmatrix} 1 & 1 & -1 \\ x & 0 & 1 \\ 1 & 0 & -1 \end{vmatrix}$中$x$的一次项系数是________；

5. 若三阶行列式$\begin{vmatrix} a_1 & a_2 & a_3 \\ 2b_1-a_1 & 2b_2-a_2 & 2b_3-a_3 \\ c_1 & c_2 & c_3 \end{vmatrix}=6$，则$\begin{vmatrix} a_1 & a_2 & a_3 \\ b_1 & b_2 & b_3 \\ c_1 & c_2 & c_3 \end{vmatrix}=$________；

6. $\begin{vmatrix} a_1 & a_2 & a_3 \\ b_1 & b_2 & b_3 \\ c_1 & c_2 & c_3 \end{vmatrix}$的转置行列式为________________；

7. 设$D=\begin{vmatrix} \lambda^2 & \lambda \\ 3 & 1 \end{vmatrix}$，

（1）当λ________时，$D=0$；

（2）当λ________时，$D\neq 0$.

二、判断题（对的画√，错的画×）

1. 把行列式的某一行（列）的各元素乘同一数后加到另一行（列）对应的元素上去，行列式的值不变； （　）

2. 若行列式某行（列）的所有元素有公因子，则可以将公因子提到行列式符号外面； （　）

3. 行列式等于它的任意一行（列）中所有元素与它们对应的代数余子式乘积之和； （　）

4. 对换行列式的任意两行（列），行列式不变. （　）

三、计算题

1. 计算行列式 $\begin{vmatrix} 0 & -1 & -1 & 2 \\ 1 & -1 & 0 & 2 \\ -1 & 2 & -1 & 0 \\ 2 & 1 & 1 & 0 \end{vmatrix}$ 的值；

2. 解方程 $\begin{vmatrix} \lambda & 1 & 1 \\ 1 & \lambda & 1 \\ 1 & 1 & \lambda \end{vmatrix} = 0$；

3. 计算行列式$\begin{vmatrix} \lambda & -1 & 0 & 0 \\ 0 & \lambda & -1 & 0 \\ 0 & 0 & \lambda & -1 \\ 4 & 3 & 2 & \lambda+1 \end{vmatrix}$.

四、证明题

证明$\begin{vmatrix} a^2 & ab & b^2 \\ 2a & a+b & 2b \\ 1 & 1 & 1 \end{vmatrix} = (a-b)^3$.

习题2－3

一、填空题

1. 若$\boldsymbol{L}=\begin{bmatrix}\boldsymbol{A} & \boldsymbol{O}\\ \boldsymbol{C} & \boldsymbol{B}\end{bmatrix}$为$\boldsymbol{n}+\boldsymbol{m}$阶方阵，$\boldsymbol{A}$是$n$阶矩阵，$\boldsymbol{B}$是$m$阶矩阵，则有$|\boldsymbol{L}|=$________；

2. 若矩阵$\boldsymbol{A}$可逆，$\boldsymbol{A}^*$是$\boldsymbol{A}$的伴随矩阵，则$|\boldsymbol{A}|$________0，且$\boldsymbol{A}^{-1}=$________；

3. n个方程n个未知数的齐次线性方程组$\boldsymbol{Ax}=\boldsymbol{0}$有非零解的充分必要条件是系数矩阵$\boldsymbol{A}$的秩$r(\boldsymbol{A})$____________________；

4. 含有n个方程的n元齐次方程组$\boldsymbol{Ax}=\boldsymbol{0}$有非零解的充分必要条件是______________；

5. 若$\boldsymbol{A}=\begin{bmatrix}3 & 5\\ 1 & 2\end{bmatrix}$，则$\boldsymbol{A}$的伴随矩阵$\boldsymbol{A}^*=$________，$\boldsymbol{A}^{-1}=$________；

6. 若矩阵$\boldsymbol{A}$的所有r阶子式全为零，则秩$r(\boldsymbol{A})$________r；

7. 若矩阵$\boldsymbol{A}$有一个r阶子式不为零，则秩$r(\boldsymbol{A})$________r；

8. 设$\boldsymbol{A}$为n阶可逆矩阵，则秩$r(\boldsymbol{A})=$________；

9. 如果n阶方阵$\boldsymbol{A}$的秩等于n，则$|\boldsymbol{A}|$________0；

10. 已知$\boldsymbol{A}=\begin{bmatrix}2 & -1 & 3\\ 1 & 3 & 4\\ -1 & 2 & 3\end{bmatrix}$求：(1) $|2\boldsymbol{A}|=$________，(2) $|\boldsymbol{A}^{-1}|=$________，(3) $|\boldsymbol{A}^{\mathrm{T}}|=$________.

二、选择题

1. 设$\boldsymbol{A}$，$\boldsymbol{B}$均为n阶方阵，则等式成立的是（　　）；

A. $|\boldsymbol{A}+\boldsymbol{B}|=|\boldsymbol{A}|+|\boldsymbol{B}|$　　B. $|\boldsymbol{AB}|=|\boldsymbol{BA}|$

C. $(\boldsymbol{AB})^{\mathrm{T}}=\boldsymbol{A}^{\mathrm{T}}\boldsymbol{B}^{\mathrm{T}}$　　D. $\boldsymbol{AB}=\boldsymbol{BA}$

2. 若行列式$\begin{vmatrix}a_{11} & a_{12} & a_{13}\\ a_{21} & a_{22} & a_{23}\\ a_{31} & a_{32} & a_{33}\end{vmatrix}=d$，则$\begin{vmatrix}3a_{31} & 3a_{32} & 3a_{33}\\ 2a_{21} & 2a_{22} & 2a_{23}\\ -a_{11} & -a_{12} & -a_{13}\end{vmatrix}=$（　　）；

A. $-6d$　　B. $6d$　　C. $4d$　　D. $-4d$

3. 三阶行列式$\begin{vmatrix}-2 & 3 & 1\\ 502 & 201 & 298\\ 5 & 2 & 3\end{vmatrix}$等于（　　）；

A. 63　　B. -70　　C. 70　　D. -63

4. 设$\boldsymbol{A}$为n阶方阵，且$|\boldsymbol{A}|=4$，则$\left|\frac{1}{4}\boldsymbol{A}\right|=$（　　）；

A. $\frac{1}{4^{n-1}}$　　B. $\frac{1}{4^n}$　　C. $\frac{1}{4^{n+1}}$　　D. $\frac{1}{4^{n+2}}$

5. 设$\boldsymbol{A}$，$\boldsymbol{B}$，$\boldsymbol{C}$均为n阶方阵，且$\boldsymbol{ABC}=\boldsymbol{E}$，则下列式子成立的是（　　）.

A. $\boldsymbol{ACB}=\boldsymbol{E}$　　B. $\boldsymbol{CBA}=\boldsymbol{E}$　　C. $\boldsymbol{BAC}=\boldsymbol{E}$　　D. $\boldsymbol{BCA}=\boldsymbol{E}$

三、判断题（对的画√，错的画×）

设$\boldsymbol{A}$，$\boldsymbol{B}$为n阶方阵，k为常数.

1. $|\boldsymbol{A}^{\mathrm{T}}|=|\boldsymbol{A}|$；（　　）
2. $|k\boldsymbol{A}|=k|\boldsymbol{A}|$；（　　）
3. $|\boldsymbol{AB}|=|\boldsymbol{A}||\boldsymbol{B}|$；（　　）
4. 若$\boldsymbol{A}$可逆，则$|\boldsymbol{A}^{-1}|=|\boldsymbol{A}|^{-1}$；（　　）
5. 若$\boldsymbol{L}=\begin{bmatrix}\boldsymbol{A} & \boldsymbol{O}\\ \boldsymbol{C} & \boldsymbol{B}\end{bmatrix}$为$n+m$阶方阵，$\boldsymbol{A}$是$n$阶可逆矩阵，$\boldsymbol{B}$是$m$阶可逆矩阵，则$\boldsymbol{L}$也可逆；（　　）
6. 若矩阵$\boldsymbol{A}$可逆，则$|\boldsymbol{A}|=0$.（　　）

四、计算题

1. 用伴随矩阵法求矩阵$\boldsymbol{A}=\begin{bmatrix}1 & 2 & 3\\ 2 & 2 & 1\\ 3 & 4 & 3\end{bmatrix}$的逆矩阵；

2. 用分块法求矩阵$\boldsymbol{A}=\begin{bmatrix}1 & 3 & 0 & 0\\ 2 & 8 & 0 & 0\\ 0 & 0 & 1 & 0\\ 0 & 0 & 2 & 3\end{bmatrix}$的行列式与逆矩阵；

3. 解矩阵方程：$\begin{bmatrix}1 & 1 & -1\\2 & 5 & -4\\2 & 4 & -5\end{bmatrix}\boldsymbol{X}=\begin{bmatrix}0 & 3\\4 & 8\\1 & 9\end{bmatrix}$；

4. 问λ，μ取何值时，齐次线性方程组$\begin{cases}\lambda x_1+x_2+x_3=0,\\x_1+\mu x_2+x_3=0,\\x_1+2\mu x_2+x_3=0\end{cases}$有非零解？

第二部分　综合训练

综合训练（一）

一、填空题

1. 已知四阶行列式D中第三列元素依次为-1，2，0，1，它们的余子式依次为5，3，-7，4，则$D=$________；

2. 已知三阶行列式$D=\begin{vmatrix}1&2&3\\3&1&2\\2&3&1\end{vmatrix}$，则元素$a_{12}=2$的代数余子式$A_{12}=$________；

3. 若n阶矩阵$\boldsymbol{A}$，$\boldsymbol{B}$，$\boldsymbol{C}$满足$\boldsymbol{ABC}=\boldsymbol{E}$（其中$\boldsymbol{E}$为$n$阶可逆阵），则$\boldsymbol{BCA}=$________；

4. 若n阶方阵$\boldsymbol{A}$可逆，则$|\boldsymbol{A}|$________0；

5. 如果$\begin{cases}3x+ky-z=0,\\ \quad 4y+z=0,\\ kx-5y-z=0\end{cases}$有非零解，则$k=$________；

6. 已知$\boldsymbol{A}$为3×3矩阵，且$|\boldsymbol{A}|=3$，则$|2\boldsymbol{A}|=$________；

7. 若$\boldsymbol{A}$是n阶矩阵，k是常数，则$|k\boldsymbol{A}|=$________$|\boldsymbol{A}|$；

8. 设矩阵$\boldsymbol{A}$的逆矩阵为$\boldsymbol{A}^{-1}=\begin{bmatrix}1&1&1\\1&2&1\\1&1&3\end{bmatrix}$，则$(\boldsymbol{A}^*)^{-1}=$________.

二、选择题

1. $\begin{vmatrix}2&-1&0\\1&x&-2\\3&-1&2\end{vmatrix}=0$，则$x=$（　　）；

A. -2　　B. 2　　C. -1　　D. 1

2. $\boldsymbol{A}$，$\boldsymbol{B}$为三阶矩阵，且$|\boldsymbol{A}|=4$，$|\boldsymbol{B}|=-2$，则$\left|(3\boldsymbol{B})^{-1}\boldsymbol{A}^*\right|=$（　　）；（其中$\boldsymbol{A}^*$为矩阵$\boldsymbol{A}$的伴随矩阵）

A. $-8/23$　　B. $-8/27$　　C. -4　　D. 6

3. 矩阵$\boldsymbol{A}$可逆的充要条件是（　　）；

A. $\boldsymbol{A}\neq\boldsymbol{O}$　　B. $|\boldsymbol{A}|\neq0$　　C. $\boldsymbol{A}^*\neq\boldsymbol{O}$　　D. $|\boldsymbol{A}^*|>0$

4. 设$\boldsymbol{A}$为n阶可逆矩阵（$n\geqslant2$），则下列式子正确的是（　　）；

A. $|\boldsymbol{A}^*|=|\boldsymbol{A}|^{n-1}$　　B. $|\boldsymbol{A}^*|=|\boldsymbol{A}^{\mathrm{T}}|$

C. $|\boldsymbol{A}^*|=|\boldsymbol{A}|$　　D. $|\boldsymbol{A}^*|=|\boldsymbol{A}^{-1}|$

5. 方阵$\boldsymbol{A}$经过初等行变换变为方阵$\boldsymbol{B}$，且$|\boldsymbol{A}|\neq0$，则必有（　　）；

A. $|\boldsymbol{A}|=|\boldsymbol{B}|$　　B. $|\boldsymbol{A}|\neq|\boldsymbol{B}|$

C. $|\boldsymbol{B}|=0$ 或 $|\boldsymbol{B}|\neq 0$ 与所做变换无关　　D. $|\boldsymbol{B}|\neq 0$

6. $\begin{bmatrix} 3 & 6 & 2 \\ 5 & 4 & 1 \\ 0 & -6 & 2 \\ 9 & -3 & 0 \end{bmatrix} \cdot \begin{bmatrix} 8 & 1 & 9 \\ 5 & 0 & 3 \\ 2 & 6 & 4 \end{bmatrix}$ 得到的矩阵中，元素 $a_{32}=$（　　）；

A. 53　　B. 12　　C. -26　　D. 15

7. 设矩阵 $\boldsymbol{A}=\begin{bmatrix} 3 & 1 \\ 5 & 3 \end{bmatrix}$，则 $\boldsymbol{A}$ 的伴随矩阵 $\boldsymbol{A}^*$ 是（　　）；

A. $\begin{bmatrix} 3 & -1 \\ -5 & 3 \end{bmatrix}$　　B. $\begin{bmatrix} 3 & 1 \\ 5 & 3 \end{bmatrix}$　　C. $\begin{bmatrix} -3 & 1 \\ 5 & -3 \end{bmatrix}$　　D. $\begin{bmatrix} 3 & -5 \\ -1 & 3 \end{bmatrix}$

8. 矩阵 $\boldsymbol{A}=\begin{bmatrix} 1 & -1 & 2 & 1 & 0 \\ 2 & 0 & 6 & 0 & 1 \\ -1 & 5 & 2 & -5 & 2 \end{bmatrix}$，则 $r(\boldsymbol{A})=$（　　）.

A. 0　　B. 3　　C. 2　　D. 4

三、计算题

1. 用伴随矩阵法求矩阵 $\begin{bmatrix} -11 & 2 & 2 \\ -4 & 0 & 1 \\ 6 & -1 & -1 \end{bmatrix}$ 的逆矩阵；

2. 用初等变换求矩阵$\begin{bmatrix} 1 & 1 & 2 & 2 & 1 \\ 0 & 2 & 1 & 5 & -1 \\ 2 & 0 & 3 & -1 & 3 \\ 1 & 1 & 0 & 4 & -1 \end{bmatrix}$的秩；

3. 计算行列式$\begin{vmatrix} a-b-c & 2a & 2a \\ 2b & b-c-a & 2b \\ 2c & 2c & c-a-b \end{vmatrix}$的值；

4. λ为何值时，齐次线性方程组

$$\begin{cases}(5-\lambda)x+2y+2z=0,\\2x+(6-\lambda)y=0,\\2x+(4-\lambda)z=0\end{cases}$$

有非零解？

四、证明题

设矩阵$\boldsymbol{A}$可逆，证明其伴随矩阵也可逆，且$(\boldsymbol{A}^*)^{-1}=(\boldsymbol{A}^{-1})^*$.

综合训练（二）

一、填空题

1. 用克莱姆法则求解 $\begin{cases} x-y=5, \\ x+y=2 \end{cases}$ 时，必有 $D=$________，$D_1=$________，$D_2=$________；

2. $\begin{vmatrix} 1 & 1 & 1 \\ 1 & 1-x & 1 \\ 1 & 1 & 2-x \end{vmatrix}=0$，则 $x=$________；

3. 设 $\boldsymbol{A}=\begin{bmatrix} 1 & 2 & 3 & 4 \\ 1 & -2 & 4 & 5 \\ 1 & 10 & 1 & 2 \end{bmatrix}$，则 $\boldsymbol{A}$ 的秩 $r(\boldsymbol{A})=$________；

4. 设 $\boldsymbol{A}$ 为四阶矩阵，且 $|\boldsymbol{A}|=1$，$|k\boldsymbol{A}|=16$，则 $k=$________；

5. 若三阶行列式 $\begin{vmatrix} x_1 & x_2 & x_3 \\ y_1 & y_2 & y_3 \\ z_1 & z_2 & z_3 \end{vmatrix}=-1$，则 $\begin{vmatrix} z_1 & 2z_2 & z_3 \\ y_1 & 2y_2 & y_3 \\ x_1 & 2x_2 & x_3 \end{vmatrix}=$________；

6. 方程 $\begin{vmatrix} 1 & 1 & 2 & 3 \\ 1 & 2-x^2 & 2 & 3 \\ 2 & 3 & 1 & 5 \\ 2 & 3 & 1 & 9-x^2 \end{vmatrix}=0$ 的全部解为________；

7. 设矩阵 $\boldsymbol{A}=\dfrac{1}{3}\begin{bmatrix} 1 & 0 & 0 \\ 0 & 1 & 2 \\ 0 & 1 & 5 \end{bmatrix}$，则 $(\boldsymbol{A}^*)^{-1}=$________；

8. $\boldsymbol{A}=\begin{bmatrix} 2 & 1 \\ -1 & 2 \end{bmatrix}$，$\boldsymbol{E}$ 为二阶单位矩阵，矩阵 $\boldsymbol{B}$ 满足 $\boldsymbol{BA}=\boldsymbol{B}+2\boldsymbol{E}$，则 $|\boldsymbol{B}|=$________.

二、选择题

1. 方阵 $\boldsymbol{A}$ 经过行的初等变换变为方阵 $\boldsymbol{B}$，且 $|\boldsymbol{A}|\neq 0$，则必有（　　）；

A. $|\boldsymbol{A}|=|\boldsymbol{B}|$　　B. $|\boldsymbol{A}|\neq|\boldsymbol{B}|$

C. $|\boldsymbol{B}|=0$ 或 $|\boldsymbol{B}|\neq 0$ 与所做变换无关　　D. $|\boldsymbol{B}|\neq 0$

2. 行列式 $\begin{vmatrix} 1 & 1 & 1 & 0 \\ 1 & 1 & 0 & 1 \\ 1 & 0 & 1 & 1 \\ 0 & 1 & 1 & 1 \end{vmatrix}=$（　　）；

A. 3　　B. -3

C. 6　　D. -6

3. 设矩阵 $A=\begin{bmatrix}\lambda & 1 & 0\\1 & 2 & 1\\3 & -1 & 1\end{bmatrix}$，$r(A)=2$，则 $\lambda=$（　　）；

A. 0　　B. 3

C. $-\frac{2}{3}$　　D. $-\frac{3}{2}$

4. 设矩阵 $A=\begin{bmatrix}2 & 1 & 0\\1 & 2 & 0\\0 & 0 & 1\end{bmatrix}$，矩阵 B 满足 $ABA^*=2BA^*+E$，其中 E 为三阶单位矩阵，A^* 为 A 的伴随矩阵，则 $|B|=$（　　）；

A. $\frac{1}{3}$　　B. $\frac{1}{9}$

C. $\frac{1}{4}$　　D. $\frac{1}{5}$

5. 若三阶行列式 D 的第三行的元素依次为1，2，3，它们的余子式分别为2，3，4，则 $D=$（　　）；

A. -8　　B. 8

C. -20　　D. 20

6. 设 A，B 均为 n 阶矩阵，则（　　）.

A. $|A+BA|=0 \Leftrightarrow |A|=0$ 或 $|E+B|=0$

B. $(A+B)^2=A^2+2AB+B^2$

C. $(AB)^T=A^TB^T$

D. $AB=O$ 时，$A=O$ 或 $B=O$

三、计算题

1. 用伴随矩阵法求矩阵 $\begin{bmatrix}-13 & -6 & -3\\-4 & -2 & -1\\2 & 1 & 1\end{bmatrix}$ 的逆矩阵；

2. 求矩阵$\begin{bmatrix} 1 & -1 & 0 & 1 & 2 \\ 2 & 0 & 1 & 1 & 0 \\ 3 & 1 & 0 & 0 & 4 \\ 2 & 2 & 0 & -1 & -2 \end{bmatrix}$的秩；

3. 计算行列式$\begin{vmatrix} a & b & c \\ a & a+b & a+b+c \\ a & 2a+b & 3a+2b+c \end{vmatrix}$的值；

4. 设三阶矩阵$\boldsymbol{A}$，$\boldsymbol{B}$满足$\boldsymbol{A}^{-1}\boldsymbol{B}\boldsymbol{A}=6\boldsymbol{A}+\boldsymbol{B}\boldsymbol{A}$，且$\boldsymbol{A}=\begin{bmatrix}\frac{1}{3}&0&0\\0&\frac{1}{4}&0\\0&0&\frac{1}{7}\end{bmatrix}$，求$\boldsymbol{B}$.

四、证明题

设矩阵$\boldsymbol{A}$是n阶可逆矩阵，证明$|\boldsymbol{A}^*|=|\boldsymbol{A}|^{n-1}$.

第三章　向量组的线性相关性

第一部分 基础模块

习题3－1

一、填空题

1. n个数a_1，a_2，…，a_n构成的有序数组$\boldsymbol{\alpha}=[a_1, a_2, \cdots, a_n]$，称为________，其中$a_1$，$a_2$，…，$a_n$称为向量$\boldsymbol{\alpha}$的________；

2. $\boldsymbol{\alpha}=\begin{bmatrix} a_1 \\ a_2 \\ \vdots \\ a_n \end{bmatrix}$，或者$\boldsymbol{\alpha}=$________，称为$n$维列向量；

3. 设$\boldsymbol{\alpha}=[1, 0, 4, 7]^{\mathrm{T}}$，$\boldsymbol{\beta}=[3, 2, -1, 6]^{\mathrm{T}}$，则

（1）$\boldsymbol{\alpha}$的负向量为________；

（2）$3\boldsymbol{\alpha}-2\boldsymbol{\beta}=$________.

二、计算题

1. 设向量

$$\boldsymbol{\alpha}=[1, 0, 2, 3], \boldsymbol{\beta}=[-2, 1, -2, 0],$$

求满足$\boldsymbol{\alpha}+2\boldsymbol{\beta}-3\boldsymbol{\gamma}=\mathbf{0}$的向量$\boldsymbol{\gamma}$；

2. 设 $\boldsymbol{\alpha}=\begin{pmatrix}2\\1\\3\end{pmatrix}$，$\boldsymbol{\beta}=\begin{pmatrix}3\\5\\7\end{pmatrix}$，$\boldsymbol{\gamma}=\begin{pmatrix}-2\\4\\1\end{pmatrix}$，求 $2\boldsymbol{\alpha}-\boldsymbol{\beta}$，$\boldsymbol{\alpha}-\boldsymbol{\beta}+2\boldsymbol{\gamma}$.

习题3－2

一、填空题

1. 设$\boldsymbol{\alpha}_1$，$\boldsymbol{\alpha}_2$，…，$\boldsymbol{\alpha}_m$，$\boldsymbol{\beta}\in\mathbf{R}^n$，若存在一组实数$k_1$，$k_2$，…，$k_m$，使$\boldsymbol{\beta}=$____________，则称$\boldsymbol{\beta}$为$\boldsymbol{\alpha}_1$，$\boldsymbol{\alpha}_2$，…，$\boldsymbol{\alpha}_m$的线性组合，或称$\boldsymbol{\beta}$可由$\boldsymbol{\alpha}_1$，$\boldsymbol{\alpha}_2$，…，$\boldsymbol{\alpha}_m$线性表示，$k_1$，$k_2$，…，$k_m$称为这个线性组合的系数；
2. 设$\boldsymbol{\alpha}_1=[1, 2, -1]^{\mathrm{T}}$，$\boldsymbol{\alpha}_2=[2, -3, 1]^{\mathrm{T}}$，$\boldsymbol{\beta}=[1, -2, 1]^{\mathrm{T}}$，且有$\boldsymbol{\beta}=x_1\boldsymbol{\alpha}_1+x_2\boldsymbol{\alpha}_2$，写出向量形式的非齐次线性方程组为____________________；
3. 设$\boldsymbol{\alpha}_1$，$\boldsymbol{\alpha}_2$，…，$\boldsymbol{\alpha}_m$，$\boldsymbol{\beta}\in\mathbf{R}^n$，则仅当__________时，$\boldsymbol{\beta}$可由$\boldsymbol{\alpha}_1$，$\boldsymbol{\alpha}_2$，…，$\boldsymbol{\alpha}_m$线性表示；
4. 设$\boldsymbol{\alpha}_1$，$\boldsymbol{\alpha}_2$，…，$\boldsymbol{\alpha}_m\in\mathbf{R}^n$，若存在一组不全为零的实数$k_1$，$k_2$，…，$k_m$，使$k_1\boldsymbol{\alpha}_1+k_2\boldsymbol{\alpha}_2+\cdots+k_m\boldsymbol{\alpha}_m=\mathbf{0}$，则称向量组$\boldsymbol{\alpha}_1$，$\boldsymbol{\alpha}_2$，…，$\boldsymbol{\alpha}_m$__________；否则称向量组$\boldsymbol{\alpha}_1$，$\boldsymbol{\alpha}_2$，…，$\boldsymbol{\alpha}_m$__________；
5. 向量组$\boldsymbol{\alpha}_1$，$\boldsymbol{\alpha}_2$，…，$\boldsymbol{\alpha}_m$（$m\geqslant 2$）线性相关的充分必要条件是____________________；
6. 由线性相关的定义可知，设$\boldsymbol{\alpha}_1$，$\boldsymbol{\alpha}_2$，…，$\boldsymbol{\alpha}_m\in\mathbf{R}^n$，则$\boldsymbol{\alpha}_1$，$\boldsymbol{\alpha}_2$，…，$\boldsymbol{\alpha}_m$线性相关当且仅当齐次线性方程组____________________，即$\boldsymbol{A}\boldsymbol{x}=\mathbf{0}$有非零解；
7. 单个向量$\boldsymbol{\alpha}$线性无关的充要条件是____________________；
8. 设$\boldsymbol{\alpha}_1$，$\boldsymbol{\alpha}_2$，$\boldsymbol{\alpha}_3$线性无关，则当$k_1\boldsymbol{\alpha}_1+k_2\boldsymbol{\alpha}_2+k_3\boldsymbol{\alpha}_3=\mathbf{0}$时，必有____________________；
9. $\boldsymbol{\alpha}_1=[2, 1]$，$\boldsymbol{\alpha}_2=[-1, 1]$，则$\boldsymbol{\beta}=[4, 3]$由$\boldsymbol{\alpha}_1$，$\boldsymbol{\alpha}_2$线性表示的式子为_______________.

二、讨论线性相关性

1. 设$\boldsymbol{\alpha}_1=[1, 2, 0, 4]$，$\boldsymbol{\alpha}_2=[2, 3, 1, 5]$，$\boldsymbol{\alpha}_3=[0, 1, -1, 3]$，讨论$\boldsymbol{\alpha}_1$，$\boldsymbol{\alpha}_2$，$\boldsymbol{\alpha}_3$的线性相关性；

2. 设 $\boldsymbol{\alpha}_1=[1, 0, 1]^T$，$\boldsymbol{\alpha}_2=[0, 2, 1]^T$，$\boldsymbol{\alpha}_3=[3, 4, 0]^T$，讨论 $\boldsymbol{\alpha}_1$，$\boldsymbol{\alpha}_2$，$\boldsymbol{\alpha}_3$ 的线性相关性.

三、证明题

已知向量组 $\boldsymbol{\alpha}_1$，$\boldsymbol{\alpha}_2$，$\boldsymbol{\alpha}_3$ 线性无关，证明向量组 $\boldsymbol{\beta}_1=\boldsymbol{\alpha}_1+\boldsymbol{\alpha}_2$，$\boldsymbol{\beta}_2=\boldsymbol{\alpha}_2+\boldsymbol{\alpha}_3$，$\boldsymbol{\beta}_3=\boldsymbol{\alpha}_3+\boldsymbol{\alpha}_1$ 线性无关.

习题 3-3

一、填空题

1. 若一个向量组的部分组线性相关，则整体线性________；反之，若一个向量组线性无关，则它的任一部分组线性________；
2. 含有零向量的向量组是线性________的；
3. n 个 n 维向量线性相关的充分必要条件是________________；
4. 当 $m>n$ 时，m 个 n 维向量 $\boldsymbol{\alpha}_1$，$\boldsymbol{\alpha}_2$，…，$\boldsymbol{\alpha}_m$ 一定线性________；
5. 向量组调整分量次序后向量组的线性相关性________；
6. 向量组 $\boldsymbol{\alpha}_1$，$\boldsymbol{\alpha}_2$，…，$\boldsymbol{\alpha}_m$ 线性相关的充分必要条件是它所构成的矩阵 $\boldsymbol{A}=[\boldsymbol{\alpha}_1, \boldsymbol{\alpha}_2, \cdots, \boldsymbol{\alpha}_m]$ 的秩________向量的个数 m，该向量组线性无关的充分必要条件是__________.

二、综合题

1. 讨论下列向量组的线性相关性：

（1）$\boldsymbol{\alpha}_1=[1, -1, 0]$，$\boldsymbol{\alpha}_2=[2, 1, 1]$，$\boldsymbol{\alpha}_3=[1, 3, -1]$；

（2）$\boldsymbol{\alpha}_1=[1, 1, 3, 1]$，$\boldsymbol{\alpha}_2=[4, 1, -3, 2]$，$\boldsymbol{\alpha}_3=[1, 0, -1, 2]$；

2. a 取什么值时向量组 $\boldsymbol{\alpha}_1=[a,\ 1,\ 1]$，$\boldsymbol{\alpha}_2=[1,\ a,\ -1]$，$\boldsymbol{\alpha}_3=[1,\ -1,\ a]$ 线性相关？

习题 3 - 4

一、填空题

1. 设向量组 A 的一个部分组（也可以是全部）$\boldsymbol{\alpha}_1$，$\boldsymbol{\alpha}_2$，…，$\boldsymbol{\alpha}_r$ 满足：

   （1）____，

   （2）____，

   则称 $\boldsymbol{\alpha}_1$，$\boldsymbol{\alpha}_2$，…，$\boldsymbol{\alpha}_r$ 是向量组 A 的一个极大线性无关组（简称极大无关组），该极大无关组所含有的向量个数 r 称为向量组 A 的秩；

2. 已知向量组 $\boldsymbol{\alpha}_1=[1, 2, -1, 1]$，$\boldsymbol{\alpha}_2=[2, 0, t, 0]$，$\boldsymbol{\alpha}_3=[0, -4, 5, -2]$的秩为 2，则 $t=$________；

3. 向量组 $\boldsymbol{\alpha}_1=[1, 1, 0]$，$\boldsymbol{\alpha}_2=[0, 2, 0]$，$\boldsymbol{\alpha}_3=[0, 0, 3]$的秩是________；

4. 设向量 $\boldsymbol{\alpha}_1$，$\boldsymbol{\alpha}_2$ 线性无关，则 $\boldsymbol{\beta}_1=3\boldsymbol{\alpha}_1+\boldsymbol{\alpha}_2$，$\boldsymbol{\beta}_2=2\boldsymbol{\alpha}_1+\boldsymbol{\alpha}_2$，$\boldsymbol{\beta}_3=\boldsymbol{\alpha}_1+\boldsymbol{\alpha}_2$ 一定是线性________关的.

二、选择题

1. 下列说法错误的是（　　）；

   A. 向量组之间的线性表示具有传递性，即若向量组 A 可由向量组 B 线性表示，向量组 B 可由向量组 C 线性表示，则向量组 A 可由向量组 C 线性表示

   B. 每一个向量组都与自身是等价的

   C. 若向量组 A 与向量组 B 是等价的，则向量组 B 与向量组 A 也是等价的

   D. 若向量组 A 与向量组 B 是等价的，并且向量组 B 与向量组 C 是等价的，则向量组 A 与向量组 C 不是等价的

2. 下列说法错误的是（　　）；

   A. 只含零向量的向量组没有极大无关组

   B. 一个线性无关向量组的极大无关组就是其本身

   C. 一个向量组的任一向量都能由它的极大无关组表示

   D. 只含零向量的向量组的秩不一定为 0

3. 下列说法不正确的是（　　）.

   A. 求向量组的极大无关组时，如果所给的是行向量组，那么也要按列排成矩阵再做初等行变换

   B. 若矩阵 $\boldsymbol{A}$ 经过初等行变换化为矩阵 $\boldsymbol{B}$，则 $\boldsymbol{A}$ 的列向量组与 $\boldsymbol{B}$ 对应的列向量组有相同的线性组合关系

   C. 矩阵的秩等于它的列秩，也等于它的行秩

   D. 等价的向量组的秩不一定相等

三、计算题

1. 求向量组 $\boldsymbol{\alpha}_1=[1, 2, 1, 3]$，$\boldsymbol{\alpha}_2=[4, -1, -5, -6]$，$\boldsymbol{\alpha}_3=[1, -3, -4, -7]$的秩；

2. 设向量组$\boldsymbol{\alpha}_1=\begin{bmatrix}1\\1\\3\\1\end{bmatrix}$，$\boldsymbol{\alpha}_2=\begin{bmatrix}-1\\1\\-1\\3\end{bmatrix}$，$\boldsymbol{\alpha}_3=\begin{bmatrix}5\\-2\\8\\9\end{bmatrix}$，$\boldsymbol{\alpha}_4=\begin{bmatrix}-1\\3\\1\\7\end{bmatrix}$，

（1）求此向量组的秩；

（2）判断此向量组的线性相关性；

（3）求此向量组的一个极大无关组；

（4）将向量组中其余向量用这个极大无关组线性表示.

习题 3－5

一、填空题

1. 设 V 是 $\mathbf{R}^n$ 的非空子集，且满足

(1) __________________，

(2) __________________，

则称集合 V 是向量空间；

2. 一般地，由向量组 $\boldsymbol{\alpha}_1$，$\boldsymbol{\alpha}_2$，…，$\boldsymbol{\alpha}_m$，$\boldsymbol{\beta}\in\mathbf{R}^n$ 的线性组合构成的集合是一个向量空间，记为__________________，称 V 为由 $\boldsymbol{\alpha}_1$，$\boldsymbol{\alpha}_2$，…，$\boldsymbol{\alpha}_m$ 生成的向量空间；

3. 设 V 是向量空间，如果 V 中的向量组 $\boldsymbol{\alpha}_1$，$\boldsymbol{\alpha}_2$，…，$\boldsymbol{\alpha}_r$ 满足：

(1) __________________，

(2) __________________，

则称 $\boldsymbol{\alpha}_1$，$\boldsymbol{\alpha}_2$，…，$\boldsymbol{\alpha}_r$ 为向量空间 V 的一组基底，简称基，r 称为 V 的维数，记为 $\dim V=r$，并称 V 是 r 维向量空间；

4. 设 $\boldsymbol{\alpha}_1$，$\boldsymbol{\alpha}_2$，…，$\boldsymbol{\alpha}_n$ 与 $\boldsymbol{\beta}_1$，$\boldsymbol{\beta}_2$，…，$\boldsymbol{\beta}_n$ 是向量空间 V 的两组基，若有矩阵 $\boldsymbol{A}=[a_{ij}]_{n\times n}$，使__________，则称矩阵 $\boldsymbol{A}=[a_{ij}]_{n\times n}$ 为从基 $\boldsymbol{\alpha}_1$，$\boldsymbol{\alpha}_2$，…，$\boldsymbol{\alpha}_n$ 到基 $\boldsymbol{\beta}_1$，$\boldsymbol{\beta}_2$，…，$\boldsymbol{\beta}_n$ 的过渡矩阵；

5. 设向量空间 V 中的向量 $\boldsymbol{\alpha}$ 在基 $\boldsymbol{\alpha}_1$，$\boldsymbol{\alpha}_2$，…，$\boldsymbol{\alpha}_n$ 下的坐标为 $\boldsymbol{x}=[x_1,\ x_2,\ \cdots,\ x_n]^{\mathrm{T}}$，在基 $\boldsymbol{\beta}_1$，$\boldsymbol{\beta}_2$，…，$\boldsymbol{\beta}_n$ 下的坐标为 $\boldsymbol{y}=[y_1,\ y_2,\ \cdots,\ y_n]^{\mathrm{T}}$，基 $\boldsymbol{\alpha}_1$，$\boldsymbol{\alpha}_2$，…，$\boldsymbol{\alpha}_n$ 到基 $\boldsymbol{\beta}_1$，$\boldsymbol{\beta}_2$，…，$\boldsymbol{\beta}_n$ 的过渡矩阵为 $\boldsymbol{A}=[\alpha_{ij}]_{n\times n}$，则有坐标变换公式__________.

二、计算题

1. 判别集合

$$V=\{\boldsymbol{\alpha}=[x_1,x_2,\cdots,x_n]\,|\,x_1+x_2+\cdots+x_n=1,\ x_1,\ x_2,\ \cdots,\ x_n\in\mathbf{R}\}$$

是否构成向量空间；

2. 证明

$\boldsymbol{\alpha}_1=[1,\ 1,\ 0,\ 1]^T$，$\boldsymbol{\alpha}_2=[2,\ 1,\ 3,\ 1]^T$，$\boldsymbol{\alpha}_3=[1,\ 1,\ 0,\ 0]^T$，$\boldsymbol{\alpha}_4=[0,\ 1,\ -1,\ -1]^T$ 是 $\mathbf{R}^4$ 的一组基，并把向量 $\boldsymbol{\beta}=[2,\ 2,\ 4,\ 1]^T$ 用这个基线性表示.

第二部分　综合训练

综合训练（一）

一、填空题

1. 已知向量组 $\boldsymbol{\alpha}_1=[1,\ 2,\ 3,\ 4]^{\mathrm{T}}$，$\boldsymbol{\alpha}_2=[2,\ 3,\ 4,\ 5]^{\mathrm{T}}$，$\boldsymbol{\alpha}_3=[3,\ 4,\ 5,\ 6]^{\mathrm{T}}$，$\boldsymbol{\alpha}_4=[4,\ 5,\ 6,\ 7]^{\mathrm{T}}$，则该向量组的秩为________；
2. 若向量组$\boldsymbol{\alpha}_1$，$\boldsymbol{\alpha}_2$，$\boldsymbol{\alpha}_3$，$\boldsymbol{\alpha}_4$线性无关，则向量组$\boldsymbol{\alpha}_1$，$\boldsymbol{\alpha}_1+\boldsymbol{\alpha}_2$，$\boldsymbol{\alpha}_1+\boldsymbol{\alpha}_2+\boldsymbol{\alpha}_3$线性________（填相关性）；
3. 设行向量组$[2,\ 1,\ 1,\ 1]$，$[2,\ 1,\ a,\ a]$，$[3,\ 2,\ 1,\ a]$，$[4,\ 3,\ 2,\ 1]$线性相关，且 $a\neq1$，则 $a=$________；
4. 向量组$\boldsymbol{\alpha}_1=[1,\ 0,\ 1]$，$\boldsymbol{\alpha}_2=[0,\ 2,\ 0]$，$\boldsymbol{\alpha}_3=[2,\ 4,\ 2]$线性________关；
5. 设向量组$\boldsymbol{\alpha}=[1,\ 0,\ 1]^{\mathrm{T}}$，$\boldsymbol{\beta}=[2,\ k,\ -1]^{\mathrm{T}}$，$\boldsymbol{\gamma}=[-1,\ 1,\ -4]^{\mathrm{T}}$线性相关，则 $k=$__________.

二、选择题

1. 设有向量组$\boldsymbol{\alpha}_1=[1,\ 1,\ 1]$，$\boldsymbol{\alpha}_2=[1,\ 1,\ 0]$，$\boldsymbol{\alpha}_3=[1,\ 0,\ 0]$，$\boldsymbol{\beta}=[0,\ 3,\ 1]$，则向量$\boldsymbol{\beta}$由向量组$\boldsymbol{\alpha}_1$，$\boldsymbol{\alpha}_2$，$\boldsymbol{\alpha}_3$的线性表示是（　　）；

   A. $\boldsymbol{\beta}=\boldsymbol{\alpha}_1+2\boldsymbol{\alpha}_2-3\boldsymbol{\alpha}_3$　　B. $\boldsymbol{\beta}=\boldsymbol{\alpha}_1-2\boldsymbol{\alpha}_2-3\boldsymbol{\alpha}_3$

   C. $\boldsymbol{\beta}=-\boldsymbol{\alpha}_1-2\boldsymbol{\alpha}_2-3\boldsymbol{\alpha}_3$　　D. $\boldsymbol{\beta}=\boldsymbol{\alpha}_1+2\boldsymbol{\alpha}_2+3\boldsymbol{\alpha}_3$

2. 已知向量组$\boldsymbol{\alpha}_1$，$\boldsymbol{\alpha}_2$，$\boldsymbol{\alpha}_3$，$\boldsymbol{\alpha}_4$线性无关，则下列向量组中线性无关的是（　　）；

   A. $\boldsymbol{\alpha}_1+\boldsymbol{\alpha}_2$，$\boldsymbol{\alpha}_3$，$\boldsymbol{\alpha}_3+\boldsymbol{\alpha}_4$，$\boldsymbol{\alpha}_4+\boldsymbol{\alpha}_1$

   B. $\boldsymbol{\alpha}_1-\boldsymbol{\alpha}_2$，$\boldsymbol{\alpha}_2-\boldsymbol{\alpha}_3$，$\boldsymbol{\alpha}_3-\boldsymbol{\alpha}_4$，$\boldsymbol{\alpha}_4-\boldsymbol{\alpha}_1$

   C. $\boldsymbol{\alpha}_1+\boldsymbol{\alpha}_2$，$\boldsymbol{\alpha}_2+\boldsymbol{\alpha}_3$，$\boldsymbol{\alpha}_3+\boldsymbol{\alpha}_4$，$\boldsymbol{\alpha}_4-\boldsymbol{\alpha}_1$

   D. $\boldsymbol{\alpha}_1+\boldsymbol{\alpha}_2$，$\boldsymbol{\alpha}_2+\boldsymbol{\alpha}_3$，$\boldsymbol{\alpha}_3-\boldsymbol{\alpha}_4$，$\boldsymbol{\alpha}_4-\boldsymbol{\alpha}_1$

3. 若$\boldsymbol{\alpha}$，$\boldsymbol{\beta}$，$\boldsymbol{\gamma}$线性无关，$\boldsymbol{\alpha}$，$\boldsymbol{\beta}$，$\boldsymbol{\delta}$线性相关，则（　　）；

   A. $\boldsymbol{\alpha}$必可由$\boldsymbol{\beta}$，$\boldsymbol{\gamma}$，$\boldsymbol{\delta}$线性表示

   B. $\boldsymbol{\beta}$必不可由$\boldsymbol{\alpha}$，$\boldsymbol{\gamma}$，$\boldsymbol{\delta}$线性表示

   C. $\boldsymbol{\delta}$必不可由$\boldsymbol{\alpha}$，$\boldsymbol{\beta}$，$\boldsymbol{\gamma}$线性表示

   D. $\boldsymbol{\delta}$必可由$\boldsymbol{\alpha}$，$\boldsymbol{\beta}$，$\boldsymbol{\gamma}$线性表示

4. n维向量组$\boldsymbol{\alpha}_1$，$\boldsymbol{\beta}_2$，…，$\boldsymbol{\alpha}_m$（$3\leqslant m\leqslant n$）线性无关的充分必要条件是（　　）；

   A. 存在一组不全为零的数 k_1，k_2，…，k_m，使 $k_1\boldsymbol{\alpha}_1+k_2\boldsymbol{\alpha}_2+\cdots+k_m\boldsymbol{\alpha}_m\neq\mathbf{0}$

   B. $\boldsymbol{\alpha}_1$，$\boldsymbol{\alpha}_2$，…，$\boldsymbol{\alpha}_m$中任意两个向量线性无关

   C. $\boldsymbol{\alpha}_1$，$\boldsymbol{\alpha}_2$，…，$\boldsymbol{\alpha}_m$中存在一个向量，它不能由其余向量线性表示

   D. $\boldsymbol{\alpha}_1$，$\boldsymbol{\alpha}_2$，…，$\boldsymbol{\alpha}_m$中任意一个向量都不能由其余向量线性表示

5. $\boldsymbol{\alpha}_1=[1, 0, 0]$，$\boldsymbol{\alpha}_2=[2, 1, 0]$，$\boldsymbol{\alpha}_3=[0, 3, 0]$，$\boldsymbol{\alpha}_4=[2, 2, 2]$的极大无关组是（　　）;

A. $\boldsymbol{\alpha}_1$，$\boldsymbol{\alpha}_2$　　B. $\boldsymbol{\alpha}_1$，$\boldsymbol{\alpha}_3$

C. $\boldsymbol{\alpha}_1$，$\boldsymbol{\alpha}_2$，$\boldsymbol{\alpha}_4$　　D. $\boldsymbol{\alpha}_1$，$\boldsymbol{\alpha}_2$，$\boldsymbol{\alpha}_3$

6. 设$\boldsymbol{\alpha}_1=[3, -3, 3]$，$\boldsymbol{\alpha}_2=[-4, 4, -4]$，$\boldsymbol{\alpha}_3=[0, 0, 0]$，则（　　）.

A. $\boldsymbol{\alpha}_1$，$\boldsymbol{\alpha}_2$，$\boldsymbol{\alpha}_3$的秩为 1　　B. $\boldsymbol{\alpha}_1$，$\boldsymbol{\alpha}_2$，$\boldsymbol{\alpha}_3$的秩为 2

C. $\boldsymbol{\alpha}_1$，$\boldsymbol{\alpha}_2$线性无关　　D. $\boldsymbol{\alpha}_1$，$\boldsymbol{\alpha}_2$，$\boldsymbol{\alpha}_3$线性无关

三、计算题

1. 设向量组$\boldsymbol{\alpha}_1=[1, 1, 1]^{\mathrm{T}}$，$\boldsymbol{\alpha}_2=[0, 1, 1]^{\mathrm{T}}$，$\boldsymbol{\alpha}_3=[1, 2, k]^{\mathrm{T}}$，若其线性相关，求$k$;

2. 求向量组$\boldsymbol{\alpha}_1=[1, 2, 3, 4]$，$\boldsymbol{\alpha}_2=[2, 3, 4, 8]$，$\boldsymbol{\alpha}_3=[3, 7, -1, 0]$，$\boldsymbol{\alpha}_4=[0, 1, 2, 0]$ 的秩和它的一个极大无关组；

3. 已知 $\mathbf{R}^3$ 的两组基为

$$\boldsymbol{\alpha}_1=[1, 1, 1]^{\mathrm{T}}, \boldsymbol{\alpha}_2=[1, 0, -1]^{\mathrm{T}}, \boldsymbol{\alpha}_3=[1, 0, 1]^{\mathrm{T}},$$

$$\boldsymbol{\beta}_1=[1, 2, 1]^{\mathrm{T}}, \boldsymbol{\beta}_2=[2, 3, 4]^{\mathrm{T}}, \boldsymbol{\beta}_3=[3, 4, 3]^{\mathrm{T}},$$

求由基$\boldsymbol{\alpha}_1$，$\boldsymbol{\alpha}_2$，$\boldsymbol{\alpha}_3$到基$\boldsymbol{\beta}_1$，$\boldsymbol{\beta}_2$，$\boldsymbol{\beta}_3$的过渡矩阵；

4. 已知向量组

$$\boldsymbol{\alpha}_1=\begin{bmatrix}1\\-1\\1\end{bmatrix},\ \boldsymbol{\alpha}_2=\begin{bmatrix}a\\2\\1\end{bmatrix},\ \boldsymbol{\alpha}_3=\begin{bmatrix}2\\a\\0\end{bmatrix},$$

当 a 取何值时，向量组 $\boldsymbol{\alpha}_1$，$\boldsymbol{\alpha}_2$，$\boldsymbol{\alpha}_3$ 线性相关？当 a 取何值时，向量组 $\boldsymbol{\alpha}_1$，$\boldsymbol{\alpha}_2$，$\boldsymbol{\alpha}_3$ 线性无关？

综合训练（二）

一、填空题

1. 向量组$\boldsymbol{\alpha}_1=[1, 2, 1, 3]$，$\boldsymbol{\alpha}_2=[1, -3, -4, -7]$，$\boldsymbol{\alpha}_3=[2, 1, -1, 0]$ 的一个最大无关组为________；
2. 若向量组$\boldsymbol{\alpha}_1$，$\boldsymbol{\alpha}_2$，$\boldsymbol{\alpha}_3$的秩为 2，则$\boldsymbol{\alpha}_1$，$\boldsymbol{\alpha}_2$，$\boldsymbol{\alpha}_3$________；
3. 若向量组$\boldsymbol{\alpha}_1=[1, 1, 1]$，$\boldsymbol{\alpha}_2=[1, 2, 3]$，$\boldsymbol{\alpha}_3=[1, 3, t]$ 线性相关，则 $t=$________；
4. 已知向量组$\boldsymbol{\alpha}_1=[1, 2, 1]$，$\boldsymbol{\alpha}_2=[a, 1, 0]$，$\boldsymbol{\alpha}_3=[1, a, 1]$，则当 $a=$________时，向量组$\boldsymbol{\alpha}_1$，$\boldsymbol{\alpha}_2$，$\boldsymbol{\alpha}_3$线性相关；
5. 若向量组$\boldsymbol{\alpha}_1$，$\boldsymbol{\alpha}_2$，$\boldsymbol{\alpha}_3$线性无关，则向量组$\boldsymbol{\alpha}_1+\boldsymbol{\alpha}_2$，$\boldsymbol{\alpha}_2+\boldsymbol{\alpha}_3$，$\boldsymbol{\alpha}_3+\boldsymbol{\alpha}_1$是线性________的；
6. 向量组$\boldsymbol{\alpha}_1=[1, 1, 0]$，$\boldsymbol{\alpha}_2=[0, 2, 0]$，$\boldsymbol{\alpha}_3=[0, 0, 3]$的秩是________.

二、选择题

1. 设$\boldsymbol{\alpha}_1=[1, 1, -1]$，$\boldsymbol{\alpha}_2=[1, 2, 1]$，$k$ 为任意实数，则（　　）；

   A. $\boldsymbol{\alpha}_1-\boldsymbol{\alpha}_2$线性相关　　B. $\boldsymbol{\alpha}_1+\boldsymbol{\alpha}_2$线性相关

   C. $k\boldsymbol{\alpha}_1$线性无关　　D. $\boldsymbol{\alpha}_1-\boldsymbol{\alpha}_2$ 线性无关

2. 设$\boldsymbol{\alpha}_1=[3, -3, 3]$，$\boldsymbol{\alpha}_2=[-4, 4, -4]$，$\boldsymbol{\alpha}_3=[0, 0, 0]$，则（　　）；

   A. $\boldsymbol{\alpha}_1$，$\boldsymbol{\alpha}_2$，$\boldsymbol{\alpha}_3$的秩为 1　　B. $\boldsymbol{\alpha}_1$，$\boldsymbol{\alpha}_2$，$\boldsymbol{\alpha}_3$的秩为 2

   C. $\boldsymbol{\alpha}_1$，$\boldsymbol{\alpha}_2$线性无关　　D. $\boldsymbol{\alpha}_1$，$\boldsymbol{\alpha}_2$，$\boldsymbol{\alpha}_3$线性无关

3. $\boldsymbol{\alpha}_1=[1, 1, 1, 1]$，$\boldsymbol{\alpha}_2=[1, 1, -1, -1]$，$\boldsymbol{\alpha}_3=[1, -1, 1, -1]$，$\boldsymbol{\alpha}_4=[1, -1, -1, 1]$，$\boldsymbol{\alpha}_5=[2, 0, 1, -1]$的极大线性无关组为（　　）；

   A. $\boldsymbol{\alpha}_1$　　B. $\boldsymbol{\alpha}_1$，$\boldsymbol{\alpha}_2$　　C. $\boldsymbol{\alpha}_1$，$\boldsymbol{\alpha}_2$，$\boldsymbol{\alpha}_3$　　D. $\boldsymbol{\alpha}_1$，$\boldsymbol{\alpha}_2$，$\boldsymbol{\alpha}_3$，$\boldsymbol{\alpha}_4$

4. 向量组$\begin{bmatrix}1\\0\\0\end{bmatrix}$，$\begin{bmatrix}2\\2\\0\end{bmatrix}$，$\begin{bmatrix}4\\4\\4\end{bmatrix}$，$\begin{bmatrix}1\\-2\\3\end{bmatrix}$的秩是（　　）；

   A. 1　　B. 2　　C. 3　　D. 4

5. 设有向量组$\boldsymbol{\alpha}_1$，$\boldsymbol{\alpha}_2$，$\boldsymbol{\alpha}_3$，$\boldsymbol{\alpha}_4$，其中$\boldsymbol{\alpha}_1$，$\boldsymbol{\alpha}_2$，$\boldsymbol{\alpha}_3$线性无关，则（　　）；

   A. $\boldsymbol{\alpha}_1$，$\boldsymbol{\alpha}_3$线性无关　　B. $\boldsymbol{\alpha}_1$，$\boldsymbol{\alpha}_2$，$\boldsymbol{\alpha}_3$，$\boldsymbol{\alpha}_4$线性无关

   C. $\boldsymbol{\alpha}_1$，$\boldsymbol{\alpha}_2$，$\boldsymbol{\alpha}_3$，$\boldsymbol{\alpha}_4$线性相关　　D. $\boldsymbol{\alpha}_2$，$\boldsymbol{\alpha}_3$，$\boldsymbol{\alpha}_4$线性无关

6. 在下列指明的各向量组中，（　　）中的向量组是线性无关的.

   A. 向量组中有零向量

   B. 任何一个向量都不能被其余的向量线性表示

   C. 存在一个向量可以被其余的向量线性表示

   D. 向量组中向量个数大于向量的维数

三、计算题

1. 求向量组

$$\boldsymbol{\alpha}_1=\begin{bmatrix}0\\4\\2\end{bmatrix},\ \boldsymbol{\alpha}_2=\begin{bmatrix}1\\1\\0\end{bmatrix},\ \boldsymbol{\alpha}_3=\begin{bmatrix}-2\\4\\3\end{bmatrix},\ \boldsymbol{\alpha}_4=\begin{bmatrix}-1\\1\\1\end{bmatrix}$$

的极大线性无关组和秩，并将其余向量表示成极大线性无关组的线性组合；

2. 设有向量组

$$\boldsymbol{\alpha}_1=\begin{bmatrix}1\\2\\3\end{bmatrix},\ \boldsymbol{\alpha}_2=\begin{bmatrix}3\\-1\\2\end{bmatrix},\ \boldsymbol{\alpha}_3=\begin{bmatrix}2\\3\\c\end{bmatrix},$$

试问当 c 为何值时，向量组线性相关？c 为何值时，向量组线性无关？

3. 设向量组为

$\boldsymbol{\alpha}_1=[1, 3, 0, 5]^T$，$\boldsymbol{\alpha}_2=[1, 2, 1, 4]^T$，$\boldsymbol{\alpha}_3=[1, 1, 2, 3]^T$，$\boldsymbol{\alpha}_4=[1, -3, 6, -1]^T$，

求它的一个极大无关组，并判断向量组的相关性；

4. 设向量组

$$\boldsymbol{\alpha}_1=\begin{bmatrix}\lambda\\1\\1\end{bmatrix}, \boldsymbol{\alpha}_2=\begin{bmatrix}1\\\lambda\\1\end{bmatrix}, \boldsymbol{\alpha}_3=\begin{bmatrix}1\\1\\\lambda\end{bmatrix}, \boldsymbol{\beta}=\begin{bmatrix}1\\1\\1\end{bmatrix},$$

问λ取何值时，$\boldsymbol{\beta}$可由$\boldsymbol{\alpha}_1$，$\boldsymbol{\alpha}_2$，$\boldsymbol{\alpha}_3$线性表示，且表达式唯一？

四、证明题

已知向量组$\boldsymbol{\alpha}_1$，$\boldsymbol{\alpha}_2$，$\boldsymbol{\alpha}_3$，$\boldsymbol{\alpha}_4$线性无关，且$\boldsymbol{\beta}=\boldsymbol{\alpha}_1+\boldsymbol{\alpha}_2+\boldsymbol{\alpha}_3+\boldsymbol{\alpha}_4$，求证向量组$\boldsymbol{\beta}-\boldsymbol{\alpha}_1$，$\boldsymbol{\beta}-\boldsymbol{\alpha}_2$，$\boldsymbol{\beta}-\boldsymbol{\alpha}_3$，$\boldsymbol{\beta}-\boldsymbol{\alpha}_4$线性无关.

第四章 线性方程组

第一部分 基础模块

习题 4-1

一、填空题

1. 线性方程组的表示形式一般有三种：一般形式、________和________；
2. 在高斯消元过程中常用到线性方程组的初等变换有三种，它们是：
   （1）____，
   （2）____，
   （3）____；
3. 线性方程组经过初等变换后得到的新方程组与原方程组________；
4. n 元齐次线性方程组 $\boldsymbol{Ax}=\boldsymbol{0}$ 有非零解的条件是 $r(\boldsymbol{A})=$ ________n.

二、用高斯消元法解方程组

1. $\begin{cases} 2x_1+2x_2-x_3=6, \\ x_1-2x_2+4x_3=3, \\ 5x_1+7x_2+x_3=28; \end{cases}$

2. $\begin{cases} x_1+2x_2+3x_3+4x_4=5, \\ 2x_1+4x_2+4x_3+6x_4=8, \\ -x_1-2x_2-x_3-2x_4=-3. \end{cases}$

习题 4－2

一、判断题（对的画√，错的画×）

1. 设$\boldsymbol{\xi}_1$与$\boldsymbol{\xi}_2$是齐次线性方程组$\boldsymbol{Ax}=\boldsymbol{0}$的解，则$k_1\boldsymbol{\xi}_1+k_2\boldsymbol{\xi}_2$也是$\boldsymbol{Ax}=\boldsymbol{0}$的解；（　　）
2. 设$\boldsymbol{A}$是$m\times n$矩阵，$r(\boldsymbol{A})=r<n$，则齐次线性方程组$\boldsymbol{Ax}=\boldsymbol{0}$的基础解系含有$n-r$个解向量，且基础解系是唯一的；（　　）
3. 设$\boldsymbol{A}$是$s\times n$矩阵，$\boldsymbol{B}$是$n\times m$矩阵，$\boldsymbol{AB}=\boldsymbol{O}$，则$r(\boldsymbol{A})+r(\boldsymbol{B})\leqslant n$.（　　）

二、选择题

1. 已知$\boldsymbol{Ax}=\boldsymbol{0}$有解向量$\boldsymbol{\alpha}_1$，$\boldsymbol{\alpha}_2$，$\boldsymbol{\alpha}_3$，$\boldsymbol{\alpha}_4$，$\boldsymbol{A}$为三阶方阵，则（　　）；

   A. $\boldsymbol{\alpha}_1$，$\boldsymbol{\alpha}_2$，$\boldsymbol{\alpha}_3$，$\boldsymbol{\alpha}_4$必线性相关

   B. $\boldsymbol{\alpha}_1$，$\boldsymbol{\alpha}_2$，$\boldsymbol{\alpha}_3$，$\boldsymbol{\alpha}_4$中任意一个可由其他线性表示

   C. $\boldsymbol{\alpha}_1$，$\boldsymbol{\alpha}_2$，$\boldsymbol{\alpha}_3$必线性无关

   D. $\boldsymbol{\alpha}_1$，$\boldsymbol{\alpha}_2$必线性相关

2. 齐次线性方程组$\begin{cases}\lambda x_1+x_2+x_3=0,\\ x_1+\lambda x_2+x_3=0,\\ x_1+x_2+\lambda x_3=0\end{cases}$有非零解的充要条件为$\lambda=$（　　）；

   A. 1　　　　B. 0

   C. 1或－2　　　　D. －2

3. 齐次线性方程组$\boldsymbol{A}_{m\times n}\boldsymbol{x}=\boldsymbol{0}$仅有零解的充要条件是（　　）；

   A. $\boldsymbol{A}$的列向量组线性无关　　　　B. $\boldsymbol{A}$的行向量组线性无关

   C. $\boldsymbol{A}$的列向量组线性相关　　　　D. $\boldsymbol{A}$的行向量组线性相关

4. 要使$\boldsymbol{\xi}_1=[-1,\ 2,\ 0]^{\mathrm{T}}$，$\boldsymbol{\xi}_2=[3,\ 0,\ 1]^{\mathrm{T}}$都是线性方程组$\boldsymbol{Ax}=\boldsymbol{0}$的解，只要系数矩阵$\boldsymbol{A}$为（　　）；

   A. $\begin{bmatrix}2&1&0\\-1&0&3\\0&0&4\end{bmatrix}$　　　　B. $\begin{bmatrix}0&1&0\\-2&-1&6\end{bmatrix}$

   C. $\begin{bmatrix}2&1&-6\\-4&-2&12\end{bmatrix}$　　　　D. $\begin{bmatrix}1&0&0\\2&0&0\\1&1&1\end{bmatrix}$

5. 设$\boldsymbol{\xi}_1$，$\boldsymbol{\xi}_2$，$\boldsymbol{\xi}_3$是$\boldsymbol{Ax}=\boldsymbol{0}$的一个基础解系，则（　　）也是该方程组的一个基础解系.

   A. $\boldsymbol{\xi}_1$，$\boldsymbol{\xi}_2$，$\boldsymbol{\xi}_3$的一个等价向量组

   B. $\boldsymbol{\xi}_1$，$\boldsymbol{\xi}_2$，$\boldsymbol{\xi}_3$的一个等秩向量组

   C. $\boldsymbol{\xi}_1$，$\boldsymbol{\xi}_1+\boldsymbol{\xi}_2$，$\boldsymbol{\xi}_1+\boldsymbol{\xi}_2+\boldsymbol{\xi}_3$

   D. $\boldsymbol{\xi}_1-\boldsymbol{\xi}_2$，$\boldsymbol{\xi}_2-\boldsymbol{\xi}_3$，$\boldsymbol{\xi}_3-\boldsymbol{\xi}_1$

三、计算题

1. 求齐次线性方程组 $\begin{cases} x_1+2x_2+3x_3+4x_4=0, \\ 2x_1+4x_2+4x_3+6x_4=0, \\ -x_1-2x_2-x_3-2x_4=0 \end{cases}$ 的一个基础解系和通解；

2. 设 $\boldsymbol{B}$ 是一个三阶非零矩阵，它的每一列都是齐次线性方程组

$$\begin{cases} x_1+2x_2-2x_3=0, \\ 2x_1-x_2+\lambda x_3=0, \\ 3x_1+x_2-x_3=0 \end{cases}$$

的解，求 λ 的值和 $|\boldsymbol{B}|$.

习题 4－3

一、填空题

1. 非齐次线性方程组 $\boldsymbol{Ax}=\boldsymbol{b}$ 的系数矩阵有解的充要条件是________；

2. 若三元线性方程组 $\boldsymbol{Ax}=\boldsymbol{b}$ 的系数矩阵 $\boldsymbol{A}$ 与增广矩阵 $\boldsymbol{B}$ 满足 $r(\boldsymbol{A})=r(\boldsymbol{B})=2$，且 $\boldsymbol{\beta}_1$，$\boldsymbol{\beta}_2$ 是方程组的两个不同解，则该方程组的通解是____________________；

3. 设方程组

$$\begin{bmatrix} a & 1 & 1 \\ 1 & a & 1 \\ 1 & 1 & a \end{bmatrix}\begin{bmatrix} x_1 \\ x_2 \\ x_3 \end{bmatrix}=\begin{bmatrix} 1 \\ 1 \\ -2 \end{bmatrix}$$

有无穷多个解，则 $a=$________；

4. 若线性方程组

$$\begin{cases} x_1+x_2=-a_1, \\ x_2+x_3=a_2, \\ x_3+x_4=-a_3, \\ x_1+x_4=a_4 \end{cases}$$

有解，则常数 a_1，a_2，a_3，a_4 应满足的条件是____________________.

二、计算题

1. 求非齐次线性方程组

$$\begin{cases} x_1+x_2=5, \\ 2x_1+x_2+x_3+2x_4=1, \\ 5x_1+3x_2+2x_3+2x_4=3 \end{cases}$$

的通解；

2. 若线性方程组

$$\begin{cases} x_1+x_2+x_3+x_4=2, \\ 2x_2+3x_3+4x_4=a-2, \\ (a^2-1)x_4=a(a-1)^2 \end{cases}$$

无解，求 a 的值；

3. 设四元非齐次线性方程组 $\boldsymbol{Ax}=\boldsymbol{b}$ 的系数矩阵的秩为 3，已知 $\boldsymbol{\eta}_1$，$\boldsymbol{\eta}_2$，$\boldsymbol{\eta}_3$ 是它的三个解，且

$$\boldsymbol{\eta}_1=\begin{bmatrix}2\\3\\4\\5\end{bmatrix},\quad \boldsymbol{\eta}_2+\boldsymbol{\eta}_3=\begin{bmatrix}1\\2\\3\\4\end{bmatrix},$$

求该方程组的通解.

第二部分 综合训练

综合训练（一）

一、填空题

1. 设 n 阶方阵 $\boldsymbol{A}$ 的各行元素之和为零，且秩为 $n-1$，则线性方程组 $\boldsymbol{Ax}=\boldsymbol{0}$ 的通解为________；
2. 设 $\boldsymbol{\eta}_1$，$\boldsymbol{\eta}_2$，…，$\boldsymbol{\eta}_n$ 是 $\boldsymbol{Ax}=\boldsymbol{b}$ 的 n 个解，则当 k_1，k_2，…，k_n 满足________时，$k_1\boldsymbol{\eta}_1+k_2\boldsymbol{\eta}_2+\cdots+k_n\boldsymbol{\eta}_n$ 也是 $\boldsymbol{Ax}=\boldsymbol{b}$ 的解；
3. 齐次线性方程组 $x_1+2x_2+\cdots+nx_n=0$ 的基础解系含有解向量的个数为________；
4. 齐次线性方程组 $\boldsymbol{A}_{m\times n}\boldsymbol{x}=\boldsymbol{0}$ 只有零解的充要条件是矩阵 $\boldsymbol{A}$________向量组线性无关；
5. 若 $\boldsymbol{\eta}_1$，$\boldsymbol{\eta}_2$，$\boldsymbol{\eta}_3$ 是某齐次线性方程组的一个基础解系，则 $\boldsymbol{\eta}_1+\boldsymbol{\eta}_2$，$\boldsymbol{\eta}_2+\boldsymbol{\eta}_3$，$\boldsymbol{\eta}_3+\boldsymbol{\eta}_1$________它的基础解系；
6. 设 $\boldsymbol{Ax}=\boldsymbol{0}$ 为一个四元齐次线性方程组，若 $\boldsymbol{\xi}_1$，$\boldsymbol{\xi}_2$，$\boldsymbol{\xi}_3$ 为它的一个基础解系，则 $r(\boldsymbol{A})=$________；
7. 设 $\boldsymbol{A}$ 为 4×3 矩阵且秩为 2，又三维向量 $\boldsymbol{\eta}_1$，$\boldsymbol{\eta}_2$ 是方程组 $\boldsymbol{Ax}=\boldsymbol{b}$ 的两个不等的解，则对应的齐次方程组 $\boldsymbol{Ax}=\boldsymbol{0}$ 的通解为________；
8. 已知 $\boldsymbol{A}$ 是 $m\times n$ 矩阵，齐次线性方程组 $\boldsymbol{Ax}=\boldsymbol{0}$ 的基础解系为 $\boldsymbol{\eta}_1$，$\boldsymbol{\eta}_2$，…，$\boldsymbol{\eta}_s$，若 $r(\boldsymbol{A})=k$，则 $s=$________；当 $k=$________时，方程组只有零解；
9. 已知 $\boldsymbol{x}_1=[1，0，2]^{\mathrm{T}}$，$\boldsymbol{x}_2=[3，4，5]^{\mathrm{T}}$ 是三元非齐次线性方程组 $\boldsymbol{Ax}=\boldsymbol{b}$ 的两个解向量，则对应的齐次线性方程组 $\boldsymbol{Ax}=\boldsymbol{0}$ 有一个非零解 $\boldsymbol{\xi}=$________；
10. 齐次线性方程组

$$\begin{cases}\lambda x+\lambda y+z=0,\\ x+\lambda y+\lambda z=0,\\ \lambda x+y+\lambda z=0\end{cases}$$

有非零解的充要条件为 $\lambda=$________.

二、选择题

1. 若 n 元线性方程组 $\boldsymbol{Ax}=\boldsymbol{0}$ 的通解为 $k[1，1，\cdots，1]^{\mathrm{T}}$，则矩阵 $\boldsymbol{A}$ 的秩为（　　）；

   A. 1　　B. $n-1$　　C. n　　D. 以上均不是

2. 设 $\boldsymbol{\eta}_1$，$\boldsymbol{\eta}_2$，$\boldsymbol{\eta}_3$ 是 $\boldsymbol{Ax}=\boldsymbol{b}$（$\boldsymbol{b}\neq\boldsymbol{0}$）的解向量，则（　　）也是 $\boldsymbol{Ax}=\boldsymbol{b}$ 的解向量；

   A. $3\boldsymbol{\eta}_1+2\boldsymbol{\eta}_2+\boldsymbol{\eta}_3$　　B. $\boldsymbol{\eta}_1+2\boldsymbol{\eta}_2+\boldsymbol{\eta}_3$

   C. $\boldsymbol{\eta}_1+\boldsymbol{\eta}_2-\boldsymbol{\eta}_3$　　D. $\boldsymbol{\eta}_1+\boldsymbol{\eta}_2-3\boldsymbol{\eta}_3$

3. 若 n 元线性方程组 $\boldsymbol{Ax}=\boldsymbol{b}$ 的增广矩阵的秩小于 n，则方程组 $\boldsymbol{Ax}=\boldsymbol{b}$ 有（　　）；

A. 无穷多组解　　B. 唯一解　　C. 无解　　D. 不确定

4. 设有线性方程组

$$\begin{cases} x_1 + a_1x_2 + a_1^2x_3 = a_1^3, \\ x_1 + a_2x_2 + a_2^2x_3 = a_2^3, \\ x_1 + a_3x_2 + a_3^2x_3 = a_3^3, \\ x_1 + a_4x_2 + a_4^2x_3 = a_4^3. \end{cases}$$

若 a_1，a_2，a_3，a_4 两两不同，则此方程组（　　）；

A. 有无穷多解　　B. 有唯一解　　C. 无解　　D. 不确定

5. 齐次线性方程组 $\boldsymbol{A}_{m\times n}\boldsymbol{x}_{n\times 1} = \boldsymbol{0}$ 有非零解的充要条件是（　　）；

A. $r(\boldsymbol{A})\leqslant n$　　B. $r(\boldsymbol{A}) = n$　　C. $r(\boldsymbol{A}) > n$　　D. $r(\boldsymbol{A}) < n$

6. 设线性方程组 $\boldsymbol{Ax} = \boldsymbol{b}$ 的增广矩阵通过初等行变换化为 $\begin{bmatrix} 1 & 0 & 1 & 0 & 3 \\ 0 & 1 & 3 & 0 & -1 \\ 0 & 0 & 0 & 1 & 0 \\ 0 & 0 & 0 & 0 & 0 \end{bmatrix}$，则此线性方程组对应的齐次线性方程组的基础解系中解向量的个数为（　　）；

A. 1　　B. 2　　C. 3　　D. 4

7. 已知 $\boldsymbol{\beta}_1$，$\boldsymbol{\beta}_2$ 是非齐次线性方程组 $\boldsymbol{Ax} = \boldsymbol{b}$ 的两个不同的解，$\boldsymbol{\alpha}_1$，$\boldsymbol{\alpha}_2$ 是对应的齐次线性方程组 $\boldsymbol{Ax} = \boldsymbol{b}$ 的基础解系，设 k_1，k_2 为任意常数，则（　　）是方程组 $\boldsymbol{Ax} = \boldsymbol{b}$ 的通解；

A. $k_1\boldsymbol{\alpha}_1 + k_2(\boldsymbol{\alpha}_1 + \boldsymbol{\alpha}_2) + \dfrac{\boldsymbol{\beta}_1 - \boldsymbol{\beta}_2}{2}$　　B. $k_1\boldsymbol{\alpha}_1 + k_2(\boldsymbol{\alpha}_1 - \boldsymbol{\alpha}_2) + \dfrac{\boldsymbol{\beta}_1 - \boldsymbol{\beta}_2}{2}$

C. $k_1\boldsymbol{\alpha}_1 + k_2(\boldsymbol{\beta}_1 + \boldsymbol{\beta}_2) + \dfrac{\boldsymbol{\beta}_1 - \boldsymbol{\beta}_2}{2}$　　D. $k_1\boldsymbol{\alpha}_1 + k_2(\boldsymbol{\beta}_1 - \boldsymbol{\beta}_2) + \dfrac{\boldsymbol{\beta}_1 - \boldsymbol{\beta}_2}{2}$

8. 设 $\boldsymbol{\alpha}_1$，$\boldsymbol{\alpha}_2$ 是非齐次线性方程组 $\boldsymbol{Ax} = \boldsymbol{b}$ 的解，$\boldsymbol{\beta}$ 是对应的齐次方程组 $\boldsymbol{Ax} = \boldsymbol{0}$ 的解，则 $\boldsymbol{Ax} = \boldsymbol{b}$ 必有一个解是（　　）；

A. $\boldsymbol{\alpha}_1 + \boldsymbol{\alpha}_2$　　B. $\boldsymbol{\alpha}_1 - \boldsymbol{\alpha}_2$

C. $\boldsymbol{\beta} + \boldsymbol{\alpha}_1 + \boldsymbol{\alpha}_2$　　D. $\boldsymbol{\beta} + \dfrac{1}{2}\boldsymbol{\alpha}_1 + \dfrac{1}{2}\boldsymbol{\alpha}_2$

9. 已知 n 元线性方程组 $\boldsymbol{Ax} = \boldsymbol{b}$，系数矩阵的秩 $r(\boldsymbol{A}) = n - 2$，$\boldsymbol{\alpha}_1$，$\boldsymbol{\alpha}_2$，$\boldsymbol{\alpha}_3$ 是方程组线性无关的解，则方程组的通解为（　　）（k_1，k_2 为任意常数）；

A. $k_1(\boldsymbol{\alpha}_1 - \boldsymbol{\alpha}_2) + k_2(\boldsymbol{\alpha}_2 + \boldsymbol{\alpha}_1) + \boldsymbol{\alpha}_1$　　B. $k_1(\boldsymbol{\alpha}_1 - \boldsymbol{\alpha}_3) + k_2(\boldsymbol{\alpha}_2 + \boldsymbol{\alpha}_3) + \boldsymbol{\alpha}_3$

C. $k_1(\boldsymbol{\alpha}_2 - \boldsymbol{\alpha}_3) + k_2(\boldsymbol{\alpha}_3 + \boldsymbol{\alpha}_2) + \boldsymbol{\alpha}_2$　　D. $k(\boldsymbol{\alpha}_2 - \boldsymbol{\alpha}_3) + k_2(\boldsymbol{\alpha}_2 - \boldsymbol{\alpha}_1) + \boldsymbol{\alpha}_3$

10. 齐次线性方程组

$$\begin{cases} x_1 - 2x_2 + x_3 + x_4 = 0, \\ 2x_1 - x_2 - x_3 = 0, \\ -2x_1 + 4x_2 - 2x_3 - 2x_4 = 0, \\ 3x_1 - 3x_2 + x_4 = 0 \end{cases}$$

的基础解系中有（　　）个线性无关的解向量.

A. 1　　B. 2　　C. 3　　D. 4

三、计算题

设线性方程组为

$$\begin{cases} x_1+x_2+2x_3+3x_4=1, \\ x_1+3x_2+6x_3+x_4=3, \\ 3x_1-x_2-k_1x_3+15x_4=3, \\ x_1-5x_2-10x_3+12x_4=k_2. \end{cases}$$

问 k_1 与 k_2 各取何值时，方程组无解，有唯一解，有无穷多解？有无穷多解时，求其一般解.

四、证明题

设 $\boldsymbol{A}$ 为 n 阶方阵，则 $\boldsymbol{Ax}=\boldsymbol{0}$ 有非零解的充要条件是有非零矩阵 $\boldsymbol{B}$，使 $\boldsymbol{AB}=\boldsymbol{O}$.

综合训练（二）

一、填空题

1. 设 n 元齐次线性方程组 $\boldsymbol{Ax}=\boldsymbol{0}$ 的系数矩阵 $\boldsymbol{A}$ 的秩为 r，当 $r=$________时，则 $\boldsymbol{Ax}=\boldsymbol{0}$ 只有零解；当 $\boldsymbol{Ax}=\boldsymbol{0}$ 有无穷多解时，其基础解系含有解向量的个数为________；
2. 设 $\boldsymbol{\xi}_1$，$\boldsymbol{\xi}_2$ 为方程组 $\boldsymbol{Ax}=\boldsymbol{b}$ 的两个解，则________是方程组 $\boldsymbol{Ax}=\boldsymbol{0}$ 的解；
3. 设 $r(\boldsymbol{A})$ 表示线性方程组 $\boldsymbol{Ax}=\boldsymbol{b}$ 系数矩阵的秩，$r(\boldsymbol{B})$ 表示其增广矩阵的秩，当 $r(\boldsymbol{A})$________$r(\boldsymbol{B})$________n 时，方程组有解（n 为未知量的个数）；
4. 含有 n 个方程的齐次线性方程组 $x_1\boldsymbol{\alpha}_1+x_2\boldsymbol{\alpha}_2+\cdots+x_n\boldsymbol{\alpha}_n=\boldsymbol{0}$ 的系数行列式为零，则此方程组有________解，$\boldsymbol{\alpha}_1$，$\boldsymbol{\alpha}_2$，…，$\boldsymbol{\alpha}_n$ 线性________关；
5. 若非齐次线性方程组的增广矩阵经初等变换化为 $\begin{bmatrix}0 & 1 & 0 & -1 & 1\\ 0 & 0 & 1 & 4 & 3\end{bmatrix}$，那么该方程组的通解是____________________；
6. 若方程组

$$\begin{cases}x_1+2x_2-x_3=\lambda-1,\\ 3x_2-x_3=\lambda-2,\\ \lambda x_2-x_3=(\lambda-3)(\lambda-4)+(\lambda-2)\end{cases}$$

有无穷多解，那么 $\lambda=$________.

二、选择题

1. 若齐次线性方程组

$$\begin{cases}\lambda x_1+2x_2+x_3=0,\\ \lambda_1 x_1+\lambda x_2+x_3=0,\\ x_1+x_2+\lambda x_3=0\end{cases}$$

仅有零解，则（　　）；

A. $\lambda\neq\pm1$　　B. $\lambda\neq\pm2$　　C. $\lambda\neq1$ 且 $\lambda\neq-2$　　D. $\lambda\neq-1$

2. 设 $\boldsymbol{A}$ 是 $m\times n$ 矩阵，关于线性方程组 $\boldsymbol{Ax}=\boldsymbol{0}$ 及 $\boldsymbol{Ax}=\boldsymbol{b}$，下列说法正确的是（　　）；

A. 若 $\boldsymbol{Ax}=\boldsymbol{0}$ 仅有零解，则 $\boldsymbol{Ax}=\boldsymbol{b}$ 有唯一解

B. 若 $\boldsymbol{Ax}=\boldsymbol{0}$ 有非零解，则 $\boldsymbol{Ax}=\boldsymbol{b}$ 有无穷多解

C. 若 $\boldsymbol{Ax}=\boldsymbol{b}$ 有无穷多解，则 $\boldsymbol{Ax}=\boldsymbol{0}$ 仅有零解

D. 若 $\boldsymbol{Ax}=\boldsymbol{b}$ 有无穷多解，则 $\boldsymbol{Ax}=\boldsymbol{0}$ 有非零解

3. 设 $\boldsymbol{\xi}_1$，$\boldsymbol{\xi}_2$，$\boldsymbol{\xi}_3$ 是齐次线性方程组 $\boldsymbol{Ax}=\boldsymbol{b}$ 的基础解系，则（　　）不是方程组 $\boldsymbol{Ax}=\boldsymbol{b}$ 的基础解系；

A. $\boldsymbol{\xi}_1+\boldsymbol{\xi}_2$，$\boldsymbol{\xi}_2+\boldsymbol{\xi}_3$，$\boldsymbol{\xi}_3+\boldsymbol{\xi}_1$　　B. $\boldsymbol{\xi}_1+2\boldsymbol{\xi}_2$，$\boldsymbol{\xi}_2+2\boldsymbol{\xi}_3$，$\boldsymbol{\xi}_3+2\boldsymbol{\xi}_1$

C. $\boldsymbol{\xi}_1$，$\boldsymbol{\xi}_1+\boldsymbol{\xi}_2$，$\boldsymbol{\xi}_1+\boldsymbol{\xi}_2+\boldsymbol{\xi}_3$　　D. $\boldsymbol{\xi}_1-\boldsymbol{\xi}_2$，$\boldsymbol{\xi}_2-\boldsymbol{\xi}_3$，$\boldsymbol{\xi}_3-\boldsymbol{\xi}_1$

4. 要使 $\boldsymbol{\xi}_1=[2,\ 1,\ 0]^{\mathrm{T}}$，$\boldsymbol{\xi}_2=[3,\ 0,\ 1]^{\mathrm{T}}$ 都是线性方程组 $\boldsymbol{Ax}=\boldsymbol{0}$ 的解，只要系数矩阵 $\boldsymbol{A}$ 为（　　）；

A. $\begin{bmatrix}2 & 0 & 1\\ 3 & 2 & 4\end{bmatrix}$　　B. $\begin{bmatrix}1 & -2 & -3\end{bmatrix}$　　C. $\begin{bmatrix}2 & 0 & 3\\ 1 & 2 & 4\end{bmatrix}$　　D. $\begin{bmatrix}1 & -2 & 0\\ 1 & 0 & -3\\ 4 & 0 & 2\end{bmatrix}$

5. 若非齐次线性方程组 $\boldsymbol{Ax}=\boldsymbol{b}$ 中方程个数少于未知量的个数，那么（　　）；

A. $\boldsymbol{Ax}=\boldsymbol{b}$ 必有无穷多解　　B. $\boldsymbol{Ax}=\boldsymbol{0}$ 必有非零解

C. $\boldsymbol{Ax}=\boldsymbol{0}$ 仅有非零解　　D. $\boldsymbol{Ax}=\boldsymbol{0}$ 一定无解

6. 设非齐次线性方程组 $\boldsymbol{Ax}=\boldsymbol{b}$ 中，系数矩阵 $\boldsymbol{A}=[a_{ij}]_{m\times n}$，且 $r(\boldsymbol{A})=r$，则（　　）；

A. $m=n$ 时，方程组 $\boldsymbol{Ax}=\boldsymbol{b}$ 有唯一解

B. $r=n$ 时，方程组 $\boldsymbol{Ax}=\boldsymbol{b}$ 有唯一解

C. $r<n$ 时，方程组 $\boldsymbol{Ax}=\boldsymbol{b}$ 有无穷多解

D. $r=m$ 时，方程组 $\boldsymbol{Ax}=\boldsymbol{b}$ 有解

7. 若四元线性方程组 $\boldsymbol{Ax}=\boldsymbol{0}$ 的通解方程组是 $\begin{cases}x_1=-3x_3,\\x_2=0,\end{cases}$ 则系数矩阵的秩 $r(\boldsymbol{A})$、自由未知量的个数分别为（　　）.

A. 2，2　　B. 2，3　　C. 1，2　　D. 1，1

三、计算题

1. 讨论线性方程组

$$\begin{cases}x_1+x_2+x_3+x_4=3,\\x_1+2x_2+2x_3+x_4=3,\\-x_1+2x_2+5x_3-x_4=0\end{cases}$$

的解的情况，若有解，求出其全部解；

2. 求齐次线性方程组

$$\begin{cases} x_1 - x_2 + 5x_3 - x_4 = 0, \\ x_1 + x_2 - 2x_3 + 3x_4 = 0, \\ 3x_1 - x_2 + 8x_3 + x_4 = 0, \\ x_1 + 3x_2 - 9x_3 + 7x_4 = 0 \end{cases}$$

的基础解系，并求通解.

四、综合题

1. k 为何值时，线性方程组

$$\begin{cases} x_1 + 2x_2 + kx_3 = 4, \\ -x_1 + kx_2 + x_3 = k^2, \\ x_1 - x_2 + 2x_3 = -4 \end{cases}$$

有唯一解，无解，无穷多解？在有解的情况下，求出其全部解；

2. 求一个齐次线性方程组，使其一个基础解系为

$$\boldsymbol{\xi}_1=\begin{bmatrix}1\\2\\1\\0\end{bmatrix},\ \boldsymbol{\xi}_2=\begin{bmatrix}-1\\0\\0\\1\end{bmatrix}.$$

五、证明题

设 $\boldsymbol{A}$ 为 n 阶方阵，且 $\boldsymbol{A}^2=\boldsymbol{A}$，证明 $r(\boldsymbol{A})+r(\boldsymbol{A}-\boldsymbol{E})=n$.

第五章　相似矩阵及二次型

第一部分　基础模块

习题 5－1

一、填空题

1. 已知向量$\boldsymbol{\alpha}=[1,\ -2,\ 2]^{\mathrm{T}}$，$\boldsymbol{\beta}=[2,\ 2,\ -1]^{\mathrm{T}}$，则$\boldsymbol{\alpha}$，$\boldsymbol{\beta}$的内积为________；

2. 已知$\boldsymbol{\alpha}=[2,\ 0,\ -5,\ -1]^{\mathrm{T}}$，则$\|\boldsymbol{\alpha}\|=$________；

3. 向量$\boldsymbol{\alpha}=[1,\ 2,\ 2,\ 3]$与$\boldsymbol{\beta}=[3,\ 1,\ 5,\ 1]$的夹角为________；

4. 当$\boldsymbol{A}$为正交阵时，$|\boldsymbol{A}|=$________；

5. 当$x=$________时，$\boldsymbol{A}=\begin{bmatrix} x & \frac{1}{13} & -4x \\ \frac{4}{13} & -4x & -\frac{3}{13} \\ \frac{12}{13} & x & \frac{4}{13} \end{bmatrix}$为正交阵；

6. $\boldsymbol{A}$为四阶正交阵，且$\boldsymbol{A}=[\boldsymbol{\alpha}_1,\ \boldsymbol{\alpha}_2,\ \boldsymbol{\alpha}_3,\ \boldsymbol{\alpha}_4]$，$\boldsymbol{A}^{\mathrm{T}}=\begin{bmatrix} \boldsymbol{\alpha}_1^{\mathrm{T}} \\ \boldsymbol{\alpha}_2^{\mathrm{T}} \\ \boldsymbol{\alpha}_3^{\mathrm{T}} \\ \boldsymbol{\alpha}_4^{\mathrm{T}} \end{bmatrix}$，则$\boldsymbol{\alpha}_i^{\mathrm{T}}\boldsymbol{\alpha}_j=$________.

二、计算题

1. 试用施密特正交化方法把向量组$[\boldsymbol{\alpha}_1,\ \boldsymbol{\alpha}_2,\ \boldsymbol{\alpha}_3]=\begin{bmatrix} 1 & 1 & 1 \\ 1 & 2 & 4 \\ 1 & 3 & 9 \end{bmatrix}$标准正交化；

2. 判断下列矩阵是否为正交矩阵：

(1) $\begin{bmatrix} \frac{\sqrt{3}}{2} & -\frac{1}{2} \\ \frac{1}{2} & \frac{\sqrt{3}}{2} \end{bmatrix}$;

(2) $\begin{bmatrix} 1 & -\frac{1}{2} & \frac{1}{3} \\ -\frac{1}{2} & 1 & \frac{1}{2} \\ \frac{1}{3} & \frac{1}{2} & -1 \end{bmatrix}$;

3. 求矩阵 $\boldsymbol{A}=\begin{bmatrix} 2 & 2 & -2 \\ 2 & 5 & -4 \\ -2 & -4 & 5 \end{bmatrix}$ 的特征值和特征向量，并判断其特征向量是否两两正交.

习题 5-2

一、填空题

1. 已知三阶方阵 $\boldsymbol{A}$ 的 3 个特征值为 1，-2，3，则 $|\boldsymbol{A}|=$________，$\boldsymbol{A}^{-1}$ 的特征值为________，$\boldsymbol{A}^2+2\boldsymbol{A}+\boldsymbol{E}$ 的特征值为________；
2. 若矩阵 $\boldsymbol{A}^2=\boldsymbol{A}$，则 $\boldsymbol{A}$ 的特征值为________；
3. 设实对称矩阵 $\boldsymbol{A}$ 的特征值只能是 1 和 -1，则 $|\boldsymbol{A}^2|=$________；
4. 已知三阶方阵 $\boldsymbol{A}$ 的两个特征根为 -2，3，又知 $|\boldsymbol{A}|=48$，则另外一个特征根为________；
5. 矩阵 $\begin{bmatrix} 0 & -2 & -2 \\ 2 & 2 & -2 \\ -2 & -2 & 2 \end{bmatrix}$ 的非零特征值为________；
6. n 阶零矩阵全部特征值为________，全部特征向量为________.

二、判断题（对的画√，错的画×）

1. 零向量必为方阵的特征向量； (　　)
2. 特征值之和总是等于行列式的值，而特征值之积总是等于该矩阵主对角线元素之和； (　　)
3. 对应不同特值的特征向量必线性无关，对应同一特性值的特征向量必线性相关； (　　)
4. 如果矩阵的某个特征值为重根，则该特征值对应的特征向量必线性相关； (　　)
5. 如果矩阵的某个特征值为重根，重数为 r，则该特征值必有 r 个线性无关的特征向量. (　　)

三、选择题

1. 设 $\boldsymbol{A}=\begin{bmatrix} 1 & 1 & 0 \\ 1 & 0 & 1 \\ 0 & 1 & 1 \end{bmatrix}$，则 $\boldsymbol{A}$ 的特征值为（　　）；

   A. 1，0，1　　B. 1，1，-2

   C. -1，1，2　　D. 1，-1，1

2. 若 n 阶方阵 $\boldsymbol{A}$ 的特征值均不为零，则 $\boldsymbol{A}$ 必然为（　　）；

   A. 正交阵　　B. 奇异阵

   C. 满秩矩阵　　D. 不可逆矩阵

3. 设 $\lambda=2$ 是非奇异矩阵 $\boldsymbol{A}$ 的一个特征值，则矩阵 $\left(\frac{1}{3}\boldsymbol{A}^2\right)^{-1}$ 有一个特征值为（　　）.

   A. $\frac{4}{3}$　　B. $\frac{3}{4}$

   C. $\frac{1}{2}$　　D. $\frac{1}{4}$

四、计算题

1. 求矩阵 $\boldsymbol{A}=\begin{bmatrix}1 & 2 & 3\\ 2 & 1 & 3\\ 3 & 3 & 6\end{bmatrix}$ 的特征值与特征向量；

2. 已知矩阵

$$\boldsymbol{A}=\begin{bmatrix}7 & 4 & -1\\ 4 & 7 & -1\\ -4 & 4 & a\end{bmatrix}$$

的特征值为$\lambda_1=3$（且λ_1为 $\boldsymbol{A}$ 的特征方程的二重根）和$\lambda_2=11$，求 a 的值，并求出其特征向量.

习题 5 - 3

一、填空题

1. 若方阵 $\boldsymbol{A}$ 与对角阵 $\begin{bmatrix} 1 & & & \\ & 2 & & \\ & & \ddots & \\ & & & n \end{bmatrix}$ 相似，则 $\boldsymbol{A}^{-1}$ 与________相似；

2. 若四阶矩阵 $\boldsymbol{A}$ 与 $\boldsymbol{B}$ 相似，矩阵 $\boldsymbol{A}$ 的特征值为 $\frac{1}{2}$，$\frac{1}{3}$，$\frac{1}{4}$，$\frac{1}{5}$，则行列式 $|B^{-1}-E|=$ ________；

3. 对称矩阵对应不同特征值的特征向量必________；

4. 已知矩阵 $\boldsymbol{A}=\begin{bmatrix} 2 & 1 \\ 1 & 2 \end{bmatrix}$，如果 $\boldsymbol{A}$ 与对角矩阵相似，则相似对角矩阵为________.

二、选择题

1. n 阶方阵 $\boldsymbol{A}$ 具有 n 个不同特征根是 $\boldsymbol{A}$ 与对角阵相似的（　　）；

   A. 充要条件　　B. 充分非必要

   C. 必要而非充分条件　　D. 既非充分也非必要

2. 若方阵 $\boldsymbol{A}$ 与 $\boldsymbol{B}$ 相似，则下述命题成立的是（　　）.

   A. $|\boldsymbol{A}|=|\boldsymbol{B}|$　　B. 特征值可能不同

   C. 有不同的特征多项式　　D. 有相同的特征向量

三、计算题

1. 已知 $\boldsymbol{A}$ 与对角矩阵 $\boldsymbol{\Lambda}=\begin{bmatrix} -1 & 0 \\ 0 & 2 \end{bmatrix}$ 相似，且将 $\boldsymbol{A}$ 变为 $\boldsymbol{\Lambda}$ 的相似变换矩阵 $\boldsymbol{P}=\begin{bmatrix} -1 & -4 \\ 1 & 1 \end{bmatrix}$，求 $\boldsymbol{A}^{11}$；

2. 求正交矩阵 $\boldsymbol{P}$，将对称矩阵 $\boldsymbol{A}=\begin{bmatrix} 2 & -2 & 0 \\ -2 & 1 & -2 \\ 0 & -2 & 0 \end{bmatrix}$ 化为对角阵；

3. 设6，3，3为实对称矩阵 $\boldsymbol{A}$ 的特征值，属于3的特征向量为 $\begin{bmatrix} -1 \\ 0 \\ 1 \end{bmatrix}$，$\begin{bmatrix} 1 \\ 2 \\ 1 \end{bmatrix}$.

（1）求属于6的特征向量；

（2）求矩阵 $\boldsymbol{A}$.

习题 5－4

一、填空题

1. 二次型 $f = x_1^2 + 4x_1x_2 + 4x_2^2 + 2x_1x_3 + x_3^2 + 4x_2x_3$，用矩阵可表示为________________，二次型的秩为________；

2. 二次型 $f(x_1, x_2, x_3) = (x_1 + x_2)^2 + (x_2 - x_3)^2 + (x_3 + x_1)^2$ 的秩为________；

3. 若实对称矩阵 $\boldsymbol{A}$ 与矩阵 $\begin{bmatrix} 14 & & \\ & -31 & \\ & & 2 \end{bmatrix}$ 合同，则二次型 $f = \boldsymbol{x}^{\mathrm{T}}\boldsymbol{A}\boldsymbol{x}$ 的规范形为_______.

二、计算题

用正交变换法化二次型 $f(x_1, x_2, x_3) = 2x_1^2 + 3x_2^2 + 3x_3^2 + 4x_2x_3$ 为标准形，并写出所做的线性变换.

习题 5－5

一、用配方法化下列二次型为标准形，并写出所做的线性变换

1. $f(x_1, x_2, x_3)=x_1^2+x_2^2+2x_3^2+x_1x_2+x_1x_3-x_2x_3$;

2. $f(x_1, x_2, x_3)=x_1x_2+x_1x_3$;

3. $f(x_1, x_2, x_3)=x_1^2+2x_2^2+2x_1x_2-2x_1x_3$.

二、计算题

求二次型 $f(x_1, x_2, x_3)=2x_1^2+2x_2^2+2x_3^2+2x_1x_2+2x_1x_3-2x_2x_3$ 的正、负惯性指数.

习题 5 - 6

一、填空题

1. 实二次型 $f(x_1, x_2, x_3, x_4) = -x_1^2 + 2x_2^2 + 3x_3^2 - 2x_4^2$ 的秩为________，正惯性指数为_____，负惯性指数为________，符号差为________；

2. 设实二次型 $f(x_1, x_2, x_3) = x_3^2 - 5x_1x_2$，则负惯性指数为________；

3. 当 t 为_______时，二次型 $f = x^2 + 4y^2 + 2z^2 + 2txy + 2xz$ 为正定二次型.

二、判别下列二次型的正定性

1. $f(x_1, x_2, x_3) = -2x_1^2 - 6x_2^2 - 4x_3^2 + 2x_1x_2 + 2x_1x_3$；

2. $f(x_1, x_2, x_3) = x_1x_2 - x_1x_3 + x_2x_3$.

三、证明题

设$\boldsymbol{A}$为n阶正定矩阵，试证明$\boldsymbol{A}^{-1}$，$\boldsymbol{A}^{m}$都是正定矩阵（m为正整数）.

第二部分　综合训练

综合训练（一）

一、判断题（对的画√，错的画×）

1. 若 $|\boldsymbol{A}|=0$，则 $\boldsymbol{A}$ 有一个特征值为 0；（　）
2. 设 $\boldsymbol{A}$ 是三阶矩阵，有特征值 1，-2，4，则矩阵 $2\boldsymbol{E}-\boldsymbol{A}$ 是满秩的；（　）
3. 设 $\boldsymbol{A}$ 与单位矩阵 $\boldsymbol{E}$ 相似，则 $\boldsymbol{A}$ 必为单位矩阵；（　）
4. 若λ为矩阵 $\boldsymbol{A}$ 和 $\boldsymbol{B}$ 的共同特征值，且λ分别对应矩阵 $\boldsymbol{A}$ 和 $\boldsymbol{B}$ 的特征向量中有两个线性无关的向量，则λ为矩阵 $\boldsymbol{A}+\boldsymbol{B}$ 的特征值；（　）
5. 若 $\boldsymbol{A}$，$\boldsymbol{B}$ 均为 n 阶正交矩阵，则 $\boldsymbol{A}-\boldsymbol{B}$ 也是正交矩阵.（　）

二、填空题

1. 设向量 $\begin{bmatrix}1\\2\\3\end{bmatrix}$ 与向量 $\begin{bmatrix}-1\\a\\1\end{bmatrix}$ 的内积为 5，则 $a=$________；
2. 设向量 $\begin{bmatrix}1\\a\\3\end{bmatrix}$ 的长度为 7，则 $a=$________；
3. 已知 $\boldsymbol{A}=\begin{bmatrix}1&-2&-1\\2&2&0\\-1&0&x\end{bmatrix}$ 有一特征根为 0，则 $x=$________；
4. 设 $\boldsymbol{A}$ 为二阶矩阵，$\boldsymbol{\alpha}_1$，$\boldsymbol{\alpha}_2$ 为线性无关的二维列向量，且 $\boldsymbol{A}\boldsymbol{\alpha}_1=\boldsymbol{0}$，$\boldsymbol{A}\boldsymbol{\alpha}_2=2\boldsymbol{\alpha}_1+\boldsymbol{\alpha}_2$，则 $\boldsymbol{A}$ 的非零特征值为________；
5. 已知三阶矩阵 $\boldsymbol{A}$ 的特征值为 1，-1，2，则 $\boldsymbol{B}=\boldsymbol{A}^3-5\boldsymbol{A}^2$ 的特征值为________；
6. 已知 $\begin{bmatrix}a&\frac{1}{\sqrt{2}}&0\\\frac{1}{\sqrt{2}}&b&0\\0&0&1\end{bmatrix}$ 为正交阵，则 $a=$________，$b=$________；
7. 若 $f=x_1^2+4x_2^2+4x_3^2+2\lambda x_1x_2-2x_1x_3+4x_2x_3$ 正定，则λ的取值范围是________；
8. λ为 $\boldsymbol{A}$ 的特征值，$\boldsymbol{P}$ 可逆，则 $\boldsymbol{P}^{-1}\boldsymbol{A}\boldsymbol{P}$ 的特征值为________；
9. 设 $\boldsymbol{A}=\begin{bmatrix}1&1&0\\1&0&1\\0&1&1\end{bmatrix}$，则 $\boldsymbol{A}$ 的特征值为________；
10. 已知实二次型 $f(x_1,x_2,x_3)=a(x_1^2+x_2^2+x_3^2)+4x_1x_2+4x_1x_3+4x_2x_3$ 经过正交变换 $\boldsymbol{x}=$

$\boldsymbol{C}\boldsymbol{y}$，可化为标准形 $f=6y_1^2$，则 $a=$________.

三、选择题

1. 若 $\boldsymbol{A}$ 和 $\boldsymbol{P}$ 都是 n 阶可逆方阵，且 $\boldsymbol{P}^{-1}\boldsymbol{A}\boldsymbol{P}=\boldsymbol{B}$，$\boldsymbol{P}^{\mathrm{T}}\boldsymbol{A}\boldsymbol{P}=\boldsymbol{C}$，则必有（　　）；

A. $\boldsymbol{B}^{-1}=\boldsymbol{A}^{-1}$　　B. $\boldsymbol{B}$ 与 $\boldsymbol{C}$ 的特征值相同

C. $\boldsymbol{C}^{-1}=\boldsymbol{A}^{\mathrm{T}}$　　D. $\boldsymbol{B}$ 与 $\boldsymbol{A}$ 的特征值相同

2. 二次型 $f=2\sum\limits_{i=1}^{n}x_i^2+2\sum\limits_{1\leqslant i\leqslant j\leqslant n}x_ix_j$ 是（　　）；

A. 正定二次型　　B. 负定二次型

C. 半正定二次型　　D. 既非正定也非负定二次型

3. 设三阶方阵 $\boldsymbol{A}$ 的特征值分别是为 1，-1，2，则 $|\boldsymbol{A}-5\boldsymbol{E}|=$（　　）；

A. 72　　B. -72

C. 28　　D. 条件不允许

4. 下列不可以对角化的矩阵是（　　）；

A. 实对称矩阵

B. 有 n 个互异特征值的 n 阶方阵

C. 有 n 个线性无关的特征向量的 n 阶方阵

D. 少于 n 个线性无关的特征向量的 n 阶方阵

5. 下述命题不正确的是（　　）；

A. 正交阵的逆矩阵是正交阵　　B. 同阶正交阵之和是正交阵

C. 同阶正交阵之积是正交阵　　D. 单位阵是正交阵

6. n 阶矩阵 $\boldsymbol{A}$ 有 n 个不同的特征值是 $\boldsymbol{A}$ 与对角阵相似的（　　）；

A. 充分必要条件　　B. 充分但不是必要条件

C. 必要但不是充分条件　　D. 既非充分也不是必要的条件

7. 设三阶方阵 $\boldsymbol{A}$ 的特征值为 1，-2，-1，$\boldsymbol{B}=\boldsymbol{A}^3-2\boldsymbol{A}^2-\boldsymbol{A}+2\boldsymbol{E}$，则 $\boldsymbol{B}$ 是（　　）；

A. 满秩阵　　B. 秩 $r(\boldsymbol{B})=2$

C. 秩 $r(\boldsymbol{B})=1$　　D. $\boldsymbol{B}=\boldsymbol{O}$

8. 下列向量组是 $\mathbf{R}^2$ 的标准正交基的是（　　）；

A. $\begin{bmatrix}\frac{\sqrt{3}}{2} & \frac{1}{2}\end{bmatrix}^{\mathrm{T}}$，$\begin{bmatrix}\frac{1}{2} & \frac{\sqrt{3}}{2}\end{bmatrix}^{\mathrm{T}}$　　B. $[-1\quad 2]^{\mathrm{T}}$，$[2\quad 1]^{\mathrm{T}}$

C. $\begin{bmatrix}\frac{2}{\sqrt{5}} & \frac{1}{\sqrt{5}}\end{bmatrix}^{\mathrm{T}}$，$\begin{bmatrix}-\frac{1}{\sqrt{5}} & \frac{2}{\sqrt{5}}\end{bmatrix}^{\mathrm{T}}$　　D. $[\cos\theta\quad \sin\theta]^{\mathrm{T}}$，$[\sin\theta\quad \cos\theta]^{\mathrm{T}}$

9. 非零向量 $\boldsymbol{\alpha}_1$，$\boldsymbol{\alpha}_2$，…，$\boldsymbol{\alpha}_n$ 线性无关是该向量组正交的（　　）条件.

A. 充分但不必要　　B. 必要但不充分

C. 充要　　D. 无关

四、计算题

1. 设矩阵 $\boldsymbol{A}=\begin{bmatrix}0 & 2 & -3\\ -1 & 3 & -3\\ 1 & -2 & a\end{bmatrix}$ 相似于矩阵 $\boldsymbol{B}=\begin{bmatrix}1 & -2 & 0\\ 0 & b & 0\\ 0 & 3 & 1\end{bmatrix}$.

（1）求 a，b 的值；

（2）求可逆矩阵 $\boldsymbol{P}$，使 $\boldsymbol{P}^{-1}\boldsymbol{AP}$ 为对角矩阵；

2. 设 $\boldsymbol{A}=\begin{bmatrix}4 & 6 & 0\\ -3 & -5 & 0\\ -3 & -6 & 1\end{bmatrix}$，求 $\boldsymbol{A}^{50}$；

3. 用正交变换化二次型$f(x_1, x_2, x_3)=4x_1^2+3x_2^2+3x_3^2+2x_2x_3$为标准形.

五、证明题

证明：若$\boldsymbol{A}$，$\boldsymbol{B}$，$\boldsymbol{C}$均为正交矩阵，则$\boldsymbol{A}^{\mathrm{T}}\boldsymbol{B}\boldsymbol{C}^{-1}$也是正交矩阵.

综合训练（二）

一、填空题

1. 已知三阶方阵 $\boldsymbol{A}$ 的特征值为 1，−2，3，则 $|\boldsymbol{A}|=$________，$\boldsymbol{A}^{\mathrm{T}}$ 的特征值为________，$\boldsymbol{A}^{-1}$ 的特征值为________；
2. 已知 $\boldsymbol{A}$ 满足 $\boldsymbol{A}^2+2\boldsymbol{A}+\boldsymbol{E}=\boldsymbol{O}$，则 $\boldsymbol{A}$ 的特征值为________；
3. n 阶零矩阵的全部特征值为____，全部特征向量为________；
4. 设 $\boldsymbol{A}$ 为三阶方阵，若存在可逆矩阵 $\boldsymbol{P}$，使得 $\boldsymbol{B}=\boldsymbol{P}^{-1}\boldsymbol{A}\boldsymbol{P}$，且 $\boldsymbol{A}$ 的特征值为 4，−2，3，那么 $\boldsymbol{B}$ 的特征值为________；
5. 若 $\begin{bmatrix}22 & 31\\ -12 & x\end{bmatrix}$ 与 $\begin{bmatrix}1 & 2\\ 3 & 4\end{bmatrix}$ 相似，则 $x=$________；
6. 若 $\lambda=0$ 是矩阵 $\boldsymbol{A}$ 的特征值，那么齐次方程组 $\boldsymbol{A}\boldsymbol{x}=\boldsymbol{0}$ 必有________；
7. 若 x 是矩阵 $\boldsymbol{A}$ 的特征向量，那么________是矩阵 $\boldsymbol{P}^{-1}\boldsymbol{A}\boldsymbol{P}$ 的特征向量；
8. 若 n 阶方阵 $\boldsymbol{A}$ 与 $\boldsymbol{B}$ 相似，且 $\boldsymbol{A}^2=\boldsymbol{A}$，那么 $\boldsymbol{B}^2=$________；
9. 设三阶方阵 $\boldsymbol{A}$ 的三个特征值为 λ_1，λ_2，λ_3，若 $|\boldsymbol{A}|=36$，$\lambda_1=2$，$\lambda_2=3$，则 $\lambda_3=$________；
10. 二次型 $f(x_1,x_2,\cdots,x_n)=\boldsymbol{x}^{\mathrm{T}}\boldsymbol{A}\boldsymbol{x}$ 正定的充要条件是 $\boldsymbol{A}$ 的所有特征值都__________.

二、选择题

1. 设 $\lambda=2$ 是非奇异矩阵 $\boldsymbol{A}$ 的一个特征值，则矩阵 $\left(\frac{1}{3}\boldsymbol{A}^2\right)^{-1}$ 有一个特征值是（　　）；

   A. $\frac{4}{3}$　　B. $\frac{3}{4}$　　C. $\frac{1}{2}$　　D. $\frac{1}{4}$

2. n 阶方阵 $\boldsymbol{A}$ 与对角阵相似的充分必要条件是（　　）；

   A. $\boldsymbol{A}$ 有 n 个特征向量

   B. $\boldsymbol{A}$ 有 n 个线性无关的特征向量

   C. $\boldsymbol{A}$ 的行列式 $|\boldsymbol{A}|$ 不等于零

   D. $\boldsymbol{A}$ 的特征多项式没有重根

3. 可逆矩阵 $\boldsymbol{A}$ 与矩阵（　　）有相同的特征值；

   A. $\boldsymbol{A}^{\mathrm{T}}$　　B. $\boldsymbol{A}^{-1}$　　C. $\boldsymbol{A}^2$　　D. $\boldsymbol{A}+\boldsymbol{E}$

4. 与 n 阶单位矩阵 $\boldsymbol{E}$ 相似的矩阵是（　　）；

   A. 数量矩阵 $k\boldsymbol{E}$

   B. 对角矩阵 $\boldsymbol{\Lambda}$（主对角线上的元素不为 1）

   C. $\boldsymbol{E}$

   D. 任意 n 阶可逆矩阵

5. 若 n 阶方阵 $\boldsymbol{A}$ 任意一行的 n 个元素之和都是 a，则 $\boldsymbol{A}$ 的一个特征值为（　　）；

   A. a　　B. $-a$　　C. 0　　D. a^{-1}

6. 二次型 $f(x_1,x_2,x_3)=(\lambda-1)x_1^2+\lambda x_2^2+(\lambda+1)x_3^2$，当满足（　　）时，是正定二次型；

   A. $\lambda>-1$　　B. $\lambda>0$　　C. $\lambda>1$　　D. $\lambda\geqslant1$

7. 若 $\boldsymbol{A}$，$\boldsymbol{B}$ 都是正定的 n 阶实对称矩阵，那么 $\boldsymbol{AB}$ 一定是（　　）;

A. 实对称矩阵　　B. 正交矩阵　　C. 正定矩阵　　D. 可逆矩阵

8. n 阶方阵 $\boldsymbol{A}$ 正定的充要条件是（　　）.

A. $\boldsymbol{A}$ 的行列式 $|\boldsymbol{A}|>0$

B. 存在 n 阶方阵 $\boldsymbol{C}$，使 $\boldsymbol{A}=\boldsymbol{C}^{\mathrm{T}}\boldsymbol{C}$

C. $\boldsymbol{A}$ 的特征值全大于零

D. 存在 n 维列向量 $\boldsymbol{\alpha}\neq\boldsymbol{0}$，有 $\boldsymbol{\alpha}^{\mathrm{T}}\boldsymbol{A}\boldsymbol{\alpha}>0$

三、计算题

1. 求矩阵 $\boldsymbol{A}=\begin{bmatrix}1 & 1 & 1 & 1\\ 1 & 1 & -1 & -1\\ 1 & -1 & 1 & -1\\ 1 & -1 & -1 & 1\end{bmatrix}$ 的特征值;

2. 设三阶实对称矩阵 $\boldsymbol{A}$ 的特征值为 6，3，3，与特征值 6 对应的特征向量为 $\boldsymbol{P}_1=[1, 1, 1]^{\mathrm{T}}$，求矩阵 $\boldsymbol{A}$；

3. 用配方法将二次型 $f(x_1, x_2, x_3)=2x_1^2-8x_2x_2+9x_2^2+6x_2x_3$ 化为标准形，并求出所做的线性变换；

4. 判断二次型 $f(x_1, x_2, x_3)=x_1^2+x_2^2+5x_3^2+2x_1x_2-4x_2x_3$ 是否正定.

四、证明题

1. $\boldsymbol{A}$ 为满足 $\boldsymbol{A}^2-3\boldsymbol{A}+2\boldsymbol{E}=\boldsymbol{O}$ 的矩阵，试证其特征值为 1 或 2；

2. 设 $\boldsymbol{A}$，$\boldsymbol{B}$ 都是正定矩阵，试证 $\boldsymbol{AB}$ 是正定矩阵的充要条件是 $\boldsymbol{AB}=\boldsymbol{BA}$.

期末全程测试

期末全程测试（一）

一、填空题

1. 当且仅当 $k=$________时，齐次线性方程组

$$\begin{cases} x_1+x_2+x_3=0, \\ 3x_1-x_2+kx_3=0, \\ 9x_1+x_2+k^2x_3=0 \end{cases}$$

有非零解；

2. 设

$$\boldsymbol{A}=\begin{bmatrix} a_1 \\ a_2 \\ a_3 \end{bmatrix}\neq\boldsymbol{0},\ \boldsymbol{B}=[b_1,\ b_2,\ b_3]\neq\boldsymbol{0},$$

则 $r(\boldsymbol{AB})$为________；

3. 向量$[x,\ y,\ z]$关于基$\left[0,\ \frac{1}{2},\ 0\right]$，$\left[\frac{1}{3},\ 0,\ 0\right]$，$\left[0,\ 0,\ \frac{1}{4}\right]$的坐标为________；

4. 已知实矩阵

$$\boldsymbol{A}=\begin{bmatrix} \frac{1}{3} & a \\ b & \frac{1}{3} \end{bmatrix}\ (a>0)$$

是正交阵，则 $b=$________；

5. 设$\boldsymbol{\alpha}_1$，$\boldsymbol{\alpha}_2$，$\boldsymbol{\alpha}_3$，$\boldsymbol{\alpha}_4$是四维欧氏空间 V 的一组标准正交基，$\boldsymbol{\alpha}=\boldsymbol{\alpha}_1+\boldsymbol{\alpha}_2-\boldsymbol{\alpha}_3-\boldsymbol{\alpha}_4$，$\boldsymbol{\beta}=\boldsymbol{\alpha}_1+\boldsymbol{\alpha}_2-\boldsymbol{\alpha}_3$，则 $|\boldsymbol{\alpha}|=$________，$[\boldsymbol{\alpha},\boldsymbol{\beta}]=$________，$\boldsymbol{\alpha}$与$\boldsymbol{\beta}$的夹角$\theta=$________.

二、选择题

1. n 阶行列式 D 的元素 a_{ij}的余子式 M_{ij}与 a_{ij}的代数余子式 A_{ij}的关系是（　　）；

   A. $A_{ij}=M_{ij}$　　B. $A_{ij}=(-1)^nM_{ij}$

   C. $A_{ij}=(-1)^{i+j}M_{ij}$　　D. $A_{ij}=-M_{ij}$

2. 设 $\boldsymbol{A}$ 是 $m\times n$ 矩阵，则齐次线性方程组 $\boldsymbol{Ax}=\boldsymbol{0}$（　　）；

   A. 当 $m<n$ 时，有非零解　　B. 当 $m>n$ 时，无解

C. 当 $m=n$ 时，只有零解　　　　D. 当 $m=n$ 时，只有非零解

3. 已知向量组 $\boldsymbol{\alpha}_1$，$\boldsymbol{\alpha}_2$，$\boldsymbol{\alpha}_3$ 线性无关，下列不正确的是（　　）.

A. $\boldsymbol{\alpha}_1$，$\boldsymbol{\alpha}_2$ 线性无关

B. $\boldsymbol{\alpha}_2$，$\boldsymbol{\alpha}_3$ 线性无关

C. $\boldsymbol{\alpha}_3$，$\boldsymbol{\alpha}_1$ 线性无关

D. $\boldsymbol{\alpha}_1$，$\boldsymbol{\alpha}_2$，$\boldsymbol{\alpha}_3$ 中必有一个向量是其余向量的线性组合

三、计算题

1. 求矩阵方程 $\begin{bmatrix} 1 & 0 \\ 1 & 1 \end{bmatrix} x + 2\begin{bmatrix} 1 & 1 \\ 0 & 1 \end{bmatrix} = \begin{bmatrix} 3 & 1 \\ 1 & 3 \end{bmatrix}$ 的解；

2. 设 $\boldsymbol{A} = \begin{bmatrix} 2 & 1 \\ 1 & 2 \end{bmatrix}$，求可逆矩阵 $\boldsymbol{T}$，使 $\boldsymbol{T}^{-1}\boldsymbol{A}\boldsymbol{T}$ 为对角矩阵；

3. 设二次型$f(x_1, x_2, x_3) = x_1^2 + 2x_2^2 + 5x_3^2 + 2x_1x_2 + 2x_1x_3 + 6x_2x_3$，完成下述工作或回答提出的问题：

（1）将它化为规范形；

（2）二次型的秩是多少？

（3）写出二次型的正、负惯性指数及符号差；

（4）二次型是否是正定二次型？

四、证明题

证明行列式 $\begin{vmatrix} b+c & c+a & a+b \\ b_1+c_1 & c_1+a_1 & a_1+b_1 \\ b_2+c_2 & c_2+a_2 & a_2+b_2 \end{vmatrix} = 2\begin{vmatrix} a & b & c \\ a_1 & b_1 & c_1 \\ a_2 & b_2 & c_2 \end{vmatrix}$.

期末全程测试（二）

一、填空题

1. 设向量$\boldsymbol{\beta}$可由向量$\boldsymbol{\alpha}_1$，$\boldsymbol{\alpha}_2$，…，$\boldsymbol{\alpha}_n$线性表示，则表示方法唯一的充要条件是________；
2. 设n元线性方程组$\boldsymbol{Ax}=\boldsymbol{b}$有解，则当$r(\boldsymbol{A})$________$n$时，$\boldsymbol{Ax}=\boldsymbol{b}$有无穷多解；
3. 已知n阶矩阵$\boldsymbol{A}$的特征值λ_1，λ_2，…，λ_n都不为零，则$\boldsymbol{A}^{-1}$的特征值为________；
4. 设$\boldsymbol{A}$为n阶矩阵，且$n>1$，$|\boldsymbol{A}|=d$，则$|\boldsymbol{A}^{\mathrm{T}}|=$________；
5. 若$\boldsymbol{A}=\begin{bmatrix}1 & -1\\ -1 & 1\end{bmatrix}$的特征值为2，0，则$3\boldsymbol{A}$的特征值为________；
6. 已知向量$\boldsymbol{\alpha}=[1,\ 2,\ 3]$，$\boldsymbol{\beta}=\left[1,\ \frac{1}{2},\ \frac{1}{3}\right]$，设$\boldsymbol{A}=\boldsymbol{\alpha}^{\mathrm{T}}\boldsymbol{\beta}$，则$\boldsymbol{A}=$________；
7. 设$\boldsymbol{A}$为3阶方阵，且$\boldsymbol{A}^2=\boldsymbol{O}$，则$\boldsymbol{A}^3=$________；
8. 设$\boldsymbol{A}$为m阶方阵，$\boldsymbol{B}$为n阶方阵，且$|\boldsymbol{A}|=a$，$|\boldsymbol{B}|=b$，$\boldsymbol{C}=\begin{bmatrix}\boldsymbol{O} & \boldsymbol{A}\\ \boldsymbol{B} & \boldsymbol{O}\end{bmatrix}$，则$|\boldsymbol{C}|=$________；
9. 二次型$f(x_1,\ x_2,\ x_3)=5x_1^2+x_2^2+2x_3^2+4x_1x_2-2x_1x_3-2x_2x_3$的矩阵为________；
10. 设矩阵$\boldsymbol{A}$与$\boldsymbol{B}$相似，且$\boldsymbol{B}=\begin{bmatrix}1 & 1 & 1\\ 0 & 2 & 1\\ 0 & 0 & 3\end{bmatrix}$，则$|\boldsymbol{A}|=$________.

二、选择题

1. 一个n维向量组$\boldsymbol{\alpha}_1$，$\boldsymbol{\alpha}_2$，…，$\boldsymbol{\alpha}_s$（$s>1$）线性相关的充要条件是（　　）；
   A. 含有零向量
   B. 有两个向量对应分量成比例
   C. 有一个向量是其余向量的线性组合
   D. 每个向量是其余向量的线性组合
2. 已知矩阵$\boldsymbol{A}$，$\boldsymbol{B}$，$\boldsymbol{C}$满足$\boldsymbol{AC}=\boldsymbol{CB}$，其中$\boldsymbol{C}=[c_{ij}]_{s\times n}$，则$\boldsymbol{A}$，$\boldsymbol{B}$分别为（　　）；
   A. $\boldsymbol{A}_{s\times s}$，$\boldsymbol{B}_{n\times n}$　　B. $\boldsymbol{A}_{s\times n}$，$\boldsymbol{B}_{n\times s}$
   C. $\boldsymbol{A}_{n\times s}$，$\boldsymbol{B}_{n\times n}$　　D. $\boldsymbol{A}_{s\times s}$，$\boldsymbol{B}_{s\times n}$
3. $\boldsymbol{A}$，$\boldsymbol{B}$为同阶方阵，则$(\boldsymbol{AB})^n$为（　　）；
   A. $\boldsymbol{A}^n\boldsymbol{B}^n$　　B. $\boldsymbol{A}\boldsymbol{B}^n\boldsymbol{A}^{n-1}$
   C. $\boldsymbol{B}^n\boldsymbol{A}^n$　　D. $\boldsymbol{ABAB}\cdots\boldsymbol{AB}$
4. 设n元齐次线性方程组$\boldsymbol{Ax}=\boldsymbol{0}$，若$r(\boldsymbol{A})=r<n$，则基础解系（　　）；
   A. 唯一存在　　B. 共有$n-r$个
   C. 含有$n-r$个向量　　D. 含有无穷多个向量

5. 设有 n 阶方阵 $\boldsymbol{A}$，且 $\boldsymbol{A}$ 的行列式 $|\boldsymbol{A}|=0$，则 $\boldsymbol{A}$ 中（　　）；

A. 必有一列元素全为零

B. 等于零的元素个数必大于零

C. 任一列向量是其他各列向量的线性组合

D. 必有一列向量是其余各列向量的线性组合

6. 设矩阵 $\boldsymbol{A}_{m\times n}$ 的秩 $r(\boldsymbol{A})=m<n$，$\boldsymbol{E}$ 为 m 阶单位矩阵，下列结论中正确的是（　　）；

A. $\boldsymbol{A}$ 的任意 m 个列向量必线性无关

B. $\boldsymbol{A}$ 的任意一个 m 阶子式不等于零

C. $\boldsymbol{A}$ 通过初等变换必可化为 $[\boldsymbol{E}_m, \boldsymbol{O}]$ 的形式

D. 非齐次线性方程组 $\boldsymbol{Ax}=\boldsymbol{b}$ 一定有无穷多组解

7. 设 $\boldsymbol{A}$，$\boldsymbol{B}$ 为同阶方阵，满足 $\boldsymbol{AB}=\boldsymbol{O}$，则必有（　　）；

A. $\boldsymbol{A}=\boldsymbol{O}$ 或 $\boldsymbol{B}=\boldsymbol{O}$　　B. $\boldsymbol{A}+\boldsymbol{B}=\boldsymbol{O}$

C. $|\boldsymbol{A}|=0$ 或 $|\boldsymbol{B}|=0$　　D. $|\boldsymbol{A}|+|\boldsymbol{B}|=0$

8. 使二次型 $f=kx_1^2+kx_2^2+kx_3^2+2kx_1x_2+2x_1x_3$ 正定的 k（　　）；

A. >0　　B. <0　　C. 不存在　　D. 为任意实数

9. 已知 $\boldsymbol{\xi}_1$，$\boldsymbol{\xi}_2$ 是方程组 $(\boldsymbol{A}-\lambda\boldsymbol{E})\boldsymbol{x}=\boldsymbol{0}$ 的两个不同的解向量，则下列向量中，必是 $\boldsymbol{A}$ 的对应特征值 λ 的特征向量是（　　）；

A. $\boldsymbol{\xi}_1$　　B. $\boldsymbol{\xi}_2$　　C. $\boldsymbol{\xi}_1+\boldsymbol{\xi}_2$　　D. $\boldsymbol{\xi}_1-\boldsymbol{\xi}_2$

10. 若行列式 $\begin{vmatrix} 1 & 2 & 5 \\ 1 & 3 & -2 \\ 2 & 5 & x \end{vmatrix}=0$，则 $x=$（　　）.

A. -3　　B. -2　　C. 2　　D. 3

三、计算题

1. $\begin{vmatrix} 3 & 1 & 1 & 1 \\ 1 & 3 & 1 & 1 \\ 1 & 1 & 3 & 1 \\ 1 & 1 & 1 & 3 \end{vmatrix}$；

2. 已知矩阵 $A=\begin{bmatrix}2&1&1&1\\1&3&1&1\\1&1&4&1\\1&1&1&5\end{bmatrix}$，求秩 $r(A)$；

3. 求矩阵 $A=\begin{bmatrix}2&-2&0\\-2&1&-2\\0&-2&0\end{bmatrix}$ 的特征值和特征向量；

4. 用配方法化二次型 $f=x_1^2+x_2^2+x_3^2+x_4^2+2x_1x_2+2x_2x_3+2x_3x_4$ 为标准形.

四、综合题

1. 求线性方程组

$$\begin{cases} x_1-\ \ x_2-2x_3-\ \ 5x_4=10, \\ -2x_1+7x_2+6x_3-12x_4=6, \\ 3x_1-2x_2-5x_3-17x_4=31, \\ -5x_1-2x_2+9x_3+27x_4=-63 \end{cases}$$

的通解;

2. 已知 $\boldsymbol{p}=\begin{bmatrix}1\\1\\-1\end{bmatrix}$ 是矩阵 $\boldsymbol{A}=\begin{bmatrix}2&-1&2\\5&a&3\\-1&b&-2\end{bmatrix}$ 的一个特征向量.

（1）求参数 a，b 及特征向量 $\boldsymbol{p}$ 所对应的特征值；

（2）$\boldsymbol{A}$ 能不能相似对角化？并说明理由.